全国高等职业教育规划教材

Flash CS5 动画制作案例教程

主　编　刘万辉　王桂霞　黄　敏

副主编　阚宝朋　王海燕　吴勇刚

参　编　刘英杰　杨　雪

机 械 工 业 出 版 社

本书以培养职业能力为核心,以工作实践为主线,以项目为导向,采用案例式教学,基于现代职业教育课程的结构构建模块化教学内容,面向动画设计师岗位细化课程内容。

本书由浅入深,通过循序渐进的方式介绍了 Flash CS5 的各种基础知识和操作,以及 Flash 中各种动画的创建方法和技巧。全书共分为 13 章,主要包括 Flash 动画制作基础、矢量图形绘制、图形对象编辑、文本的使用、逐帧动画、形状补间动画、运动渐变动画、引导层动画、应用其他媒体素材、动画脚本应用、模板和组件应用、综合项目实训等。尤其是在综合实训过程中集中讲解了动画短片的设计与制作、多媒体课件的开发与制作、Flash 宣传广告设计与制作。

本书配套的光盘中包含教材配套多媒体课件、项目案例与源文件、多媒体教学系统(含视频演示),极大地方便教师教学和学生自学。

本书可作为高职高专多媒体技术、动漫技术、计算机网络工程、软件技术、计算机维护、计算机应用技术、电子商务等专业的"Flash 动画制作"课程的教材,也可作为动画设计爱好者学习的参考书。

图书在版编目(CIP)数据

Flash CS5 动画制作案例教程/刘万辉,王桂霞,黄敏主编.—北京:机械工业出版社,2012.1

全国高等职业教育规划教材

ISBN 978 - 7 - 111 - 36824 - 3

Ⅰ.①F… Ⅱ.①刘… ②王… ③黄… Ⅲ.①动画制作软件,Flash CS5 - 高等职业教育 - 教材 Ⅳ.①TP391.41

中国版本图书馆 CIP 数据核字(2011)第 263622 号

机械工业出版社(北京市百万庄大街22号　邮政编码100037)

责任编辑:鹿　征

责任印制:杨　曦

保定市中画美凯印刷有限公司印刷

2012 年 1 月第 1 版·第 1 次印刷

184mm×260mm·15 印张·371 千字

0001 - 3000 册

标准书号:ISBN 978 - 7 - 111 - 36824 - 3

ISBN 978 - 7 - 89433 - 286 - 8(光盘)

定价:35.00 元(含 1DVD)

出版说明

根据《教育部关于以就业为导向深化高等职业教育改革的若干意见》中提出的高等职业院校必须把培养学生动手能力、实践能力和可持续发展能力放在突出的地位，促进学生技能的培养，以及教材内容要紧密结合生产实际，并注意及时跟踪先进技术的发展等指导精神，机械工业出版社组织全国近 60 所高等职业院校的骨干教师对在 2001 年出版的"面向 21 世纪高职高专系列教材"进行了全面的修订和增补，并更名为"全国高等职业教育规划教材"。

本系列教材是由高职高专计算机专业、电子技术专业和机电专业教材编委会分别会同各高职高专院校的一线骨干教师，针对相关专业的课程设置，融合教学中的实践经验，同时吸收高等职业教育改革的成果而编写完成的，具有"定位准确、注重能力、内容创新、结构合理和叙述通俗"的编写特色。在几年的教学实践中，本系列教材获得了较高的评价，并有多个品种被评为普通高等教育"十一五"国家级规划教材。在修订和增补过程中，除了保持原有特色外，针对课程的不同性质采取了不同的优化措施。其中，核心基础课的教材在保持扎实的理论基础的同时，增加实训和习题；实践性较强的课程强调理论与实训紧密结合；涉及实用技术的课程则在教材中引入了最新的知识、技术、工艺和方法。同时，根据实际教学的需要对部分课程进行了整合。

归纳起来，本系列教材具有以下特点：

1）围绕培养学生的职业技能这条主线来设计教材的结构、内容和形式。

2）合理安排基础知识和实践知识的比例。基础知识以"必需、够用"为度，强调专业技术应用能力的训练，适当增加实训环节。

3）符合高职学生的学习特点和认知规律。对基本理论和方法的论述要容易理解、清晰简洁，多用图表来表达信息；增加相关技术在生产中的应用实例，引导学生主动学习。

4）教材内容紧随技术和经济的发展而更新，及时将新知识、新技术、新工艺和新案例等引入教材。同时，注重吸收最新的教学理念，并积极支持新专业的教材建设。

5）注重立体化教材建设。通过主教材、电子教案、配套素材光盘、实训指导和习题及解答等教学资源的有机结合，提高教学服务水平，为高素质技能型人才的培养创造良好的条件。

由于我国高等职业教育改革和发展的速度很快，加之我们的水平和经验有限，因此在教材的编写和出版过程中难免出现问题和错误。我们恳请使用这套教材的师生及时向我们反馈质量信息，以利于我们今后不断提高教材的出版质量，为广大师生提供更多、更适用的教材。

机械工业出版社

前　言

Flash CS5 是 Adobe 公司推出的一款全新的矢量动画制作和多媒体设计软件，广泛应用于动画制作、网站广告、游戏设计、MTV 制作、电子贺卡、多媒体课件等领域。

本书以培养职业能力为核心，以工作实践为主线，以项目为导向，采用案例式教学，基于现代职业教育课程的结构构建模块化教学内容，面向动画设计师岗位细化课程内容。

本书由浅入深，通过循序渐进的方式介绍了 Flash CS5 的各种基础知识和操作，以及 Flash 中各种动画的创建方法和技巧。全书共分为 13 章，主要包括 Flash 动画制作基础、矢量图形绘制、图形对象编辑、文本的使用、逐帧动画、形状补间动画、运动渐变动画、引导层动画、应用其他媒体素材、动画脚本应用、模板和组件应用、综合项目实训等。尤其是在综合实训过程中集中讲解了动画短片的设计与制作、多媒体课件的开发与制作、Flash 宣传广告设计与制作。

本书基于案例教学思想，所有教学案例都经过了精挑细选，非常具有代表性，同时这些项目包含了当前流行的创意与技术，使读者能够迅速胜任动画设计领域的工作岗位。

本书由刘万辉、王桂霞、黄敏主编，俞宁主审。编写分工为：王海燕编写第 1、2 章，阚宝朋编写第 3、4 章，黄敏编写第 5 章，杨雪编写第 6 章，吴勇刚编写第 7、8 章，刘英杰编写第 9、10 章，王桂霞编写第 11、12 章，刘万辉编写第 13 章。

在本书编写过程中，淮安市中天传媒创意总监徐金波研究员进行了指导，并对全书进行了修订，在此表示衷心的感谢。

本书配套的光盘中包含教材配套多媒体课件、项目案例与源文件、多媒体教学系统（含视频演示），极大地方便教师教学和学生自学。

由于时间仓促，书中难免存在不妥之处，请读者原谅，并提出宝贵意见。

编　者

目　录

第1章　Flash 动画制作基础

1.1　Flash 动画概述

Flash 是美国 Adobe 公司推出的世界主流多媒体交互动画工具软件。该软件的优势在于基于矢量动画的制作，并且生成的交互动画更适合网络传输。从 1996 年 Macromedia 公司发布 Flash 1.0 开始，到现在使用的最新版本 Adobe Flash CS5，Flash 的发展令人瞩目。

1.1.1　动画的概念与制作流程

动画是利用人的"视觉暂留"特性，连续播放一系列画面，给视觉造成连续变化的图画，如图 1-1 所示。它的基本原理与电影、电视一样，都是"视觉暂留"原理。

图 1-1　连续画面

其中，"视觉暂留"特性是人的眼睛看到一幅画或一个物体后，在 1/24 s 内不会消失。利用这一原理，在一幅画还没有消失前播放出下一幅画，就会给人造成一种流畅的视觉变化效果。

1. 前期策划与筹备阶段

该阶段包括选题报告、形象素材筹备，故事脚本（文学剧本）、角色与环境设定、画面分镜头初稿、生产进度日程安排图表。

2. 中期创作与制作阶段

该阶段主要包括原画、动画、背景绘制、扫描、修线填色、合成及编辑等。原画与动画以及背景主要依靠铅笔和纸绘出草稿再扫描数字化。现在开始使用无纸动画这一制作方式，即使用鼠标、压感笔和数位板。

3. 后期加工阶段

该阶段最终将二维动画软件的作品输出为视频文件，再对这些视频文件进行合成及剪辑工作就成为了动画片。

1.1.2　Flash 动画及特点

Flash 以流控制技术和矢量技术等为代表，能够将矢量图、位图、音频、动画和深一层交互动作有机地、灵活地结合在一起，从而制作出美观、新奇、交互性更强的动画效果。

较传统动画而言，Flash 提供的物体变形和透明技术，使得创建动画更加容易，并为动画设计者的丰富想象提供了实现手段；其交互设计让用户可以随心所欲地控制动画，赋予用户更多的主动权。因此，Flash 动画具有以下特点。

- 动画短小。Flash 动画受网络资源的制约一般比较短小，但绘制的画面是矢量格式，无论把它放大多少倍都不会失真。
- 交互性强。Flash 动画具有交互性优势，可以通过单击、选择等动作决定动画的运行过程和结果，是传统动画所无法比拟的。
- 具有广泛传播性。Flash 动画由于文件小、传输速度快、播放采用流式技术的特点，所以在网上供人欣赏和下载，具有较好的广泛传播性。
- 轻便与灵巧。Flash 动画有崭新的视觉效果，成为一种新时代的艺术表现形式，比传统的动画更加轻便与灵巧。
- 人力少，成本低。Flash 动画制作的成本非常低，使用 Flash 制作的动画能够大大地减少人力、物力资源的消耗。同时，在制作时间上也会大大减少。

由于人类眼睛的"视觉暂留"特性，电影采用了每秒 24 幅画面的速度拍摄播放；电视采用了每秒 25 幅（PAL 制）（中央电视台的动画就是 PAL 制）或 30 幅（NSTC 制）画面的速度拍摄播放。如果以每秒低于 24 幅画面的速度拍摄播放，就会出现停顿现象。

1.1.3 Flash 动画的应用领域

随着网络热潮的不断掀起，Flash 动画软件版本也开始逐渐升级。强大的动画编辑功能及操作平台更深受用户的喜爱，从而使得 Flash 动画的应用范围越来越广泛，其主要体现在以下几个方面。

1. 网络广告

网络广告主要体现在宣传网站、企业和商品等方面。用 Flash 制作出来的广告，要求主题色调要鲜明、文字要简洁，较美观的广告能够增添网站的可看性，并且容易引起客户的注意力而不影响其需求，如图 1-2 所示。

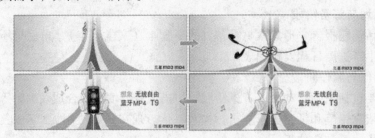

图 1-2　网络广告动画

2. 网站建设

Flash 网站的优势在于其良好的交互性，能给用户带来全新的互动体验和视觉享受。通常，很多网站都会引入 Flash 元素，以增加页面的美观性来提高网站的宣传效果，如网站中的导航菜单、Banner、产品展示等。有时也会通过 Flash 来制作整个网站，如图 1-3 所示。

图 1-3　Flash 网站

Flash 导航菜单在网站中的应用是十分广泛的。通过它可以展现导航的活泼性，从而使得网站更加灵活。当网站栏目较少时，可以制作简单且美观的菜单；当网站栏目较多时，又可以制作活跃的二级菜单项目。图 1-3 展示了一个网站栏目较少的 Flash 导航条。

3. 交互游戏

Flash 交互游戏，其本身的内容允许浏览者进行直接参与，并提供互动的条件。Flash 游戏多种多样，主要包括棋牌类、冒险类、策略类和益智类等多种类型。其中主要体现在鼠标和键盘上的操控。

制作用鼠标操控的互动游戏，主要通过鼠标单击事件来实现。图 1-4 中展示的是一个警察营救人质的"Flash 互动游戏"，它就是通过鼠标单击来完成的。

图 1-4　鼠标互动性游戏

4. 动画短片

MTV 是动画短片的一种典型，用最好的歌曲配以最精美的画面，将其变为视觉和听觉相结合的一种崭新的艺术形式。制作 Flash MTV，要求开发人员有一定的绘画技巧以及丰富的想象力，如图 1-5 所示。

a)   b)

图 1-5   Flash《四眼纳税记》短片

a) 场景 1   b) 场景 2

5. 教学课件

教学课件是在计算机上运行的教学辅助软件，是集图、文、声为一体，通过直观生动的形象来提高课堂教学效率的一种辅助手段。而 Flash 恰恰满足了制作教学课件的需求。图 1-6 展示了污水处理系统的 Flash 教学课件，通过单击"上一步"和"下一步"按钮来控制课件的播放过程。

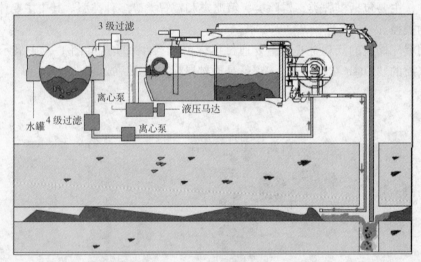

图 1-6   Flash 教学课件

1.2 图像的基础知识

1.2.1 像素和分辨率

1. 像素

像素是构成图像的最小单位，它的形态是一个小方点。很多个像素组合在一起就构成了一幅图像，组合成图像的每一个像素只显示一种颜色。由于图像能记录下每一个像素的数据信息，因而可以精确地记录色调丰富的图像，逼真地表现自然界的景观，如图1-7所示。

图1-7　像素构成的风景图片

2. 分辨率

分辨率是图像处理中一个非常重要的概念，它是指位图图像在每英寸上所包含的像素数量，单位使用每英寸的像素数PPI（Pixels/Inch）来表示。图像分辨率的高低直接影响图像的质量，分辨率越高，文件也就越大，图像也会越清晰，如图1-8（300PPI）所示，处理速度也会变慢；反之，分辨率越低，图像就越模糊，如图1-9（72PPI）所示，文件也会越小。

图1-8　分辨率高的图像

图1-9　分辨率低的图像

1.2.2　位图与矢量图

在计算机设计领域中，图形图像分为两种类型，即位图图像和矢量图形。这两种类型的图形图像都有各自的特点。

1. 位图

位图又称为点阵图，是由许多点组成的，这些点为像素（Pixel）。当许多不同颜色的点（即像素）组合在一起后，便构成了一幅完整的图像。

位图可以记录每一个点的数据信息，因而可以精确地制作出色彩和色调变化丰富的图像，可以逼真地表现自然界的景象，达到照片般的品质。但是，由于它所包含的图像像素数目是一定的，若将图像放大到一定程度后，图像就会失真，边缘会出现锯齿，如图1-10所示。

图1-10　位图的原效果与放大后的效果

2. 矢量图

矢量图形也称为向量式图形，它用数学的矢量方式来记录图像内容，以线条和色块为主，这类对象的线条非常光滑、流畅，可以进行无限的放大、缩小或旋转等操作，并且不会失真，如图 1-11 所示。矢量图不宜制作色调丰富或者色彩变化太多的图形，而且绘制出来的图形无法像位图那样精确地描绘各种绚丽的景象。

图 1-11   矢量图的原效果与放大后的效果

1.3   Flash CS5 的工作环境

1.3.1   工作界面

1. 开始页

运行 Flash CS5，首先映入眼帘的是开始页，开始页将常用的任务都集中放在一个页面中，包括"从模板创建"、"打开最近的项目"、"新建"、"学习"以及对官方资源的快速访问等，如图 1-12 所示。

如果要隐藏开始页面，可以选中"不再显示"复选框，然后在弹出的对话框中单击"确定"按钮。如果要再次显示开始页，可以通过选择"编辑"→"首选参数"命令，打开"首选参数"命令，打开"首选参数"对话框，然后在"常规"类别中设置"启动时"选项为"欢迎屏幕"即可。

2. 工作窗口

在开始页，选择"新建"下的"Flash 文件（ActionScript 3.0）"，这样就启动 Flash CS5 的工作界面并创建一个影片文档，如图 1-13 所示。

Flash CS5 的工作窗口包括菜单栏、工具箱、时间轴、文档选项卡、工作区、舞台以及面板组等。

窗口最上方的是"标题栏"，自左到右依次为控制菜单按钮、软件名称、当前编辑的文档名称和窗口控制按钮（最小化、最大化、关闭）。

"标题栏"下方是"菜单栏"，在其下拉菜单中提供了几乎所有的 Flash CS5 命令项。

"菜单栏"下方是"主工具栏"，通过它可以快捷地使用 Flash CS5 的控制命令。

"主工具栏"的下方是"文档选项卡"，主要用于切换当前要编辑的文档，其右侧是文档控制按钮（最小化、最大化/还原、关闭）。右击文档选项卡，还可以在弹出的快捷菜单中使用常用的文件控制命令。

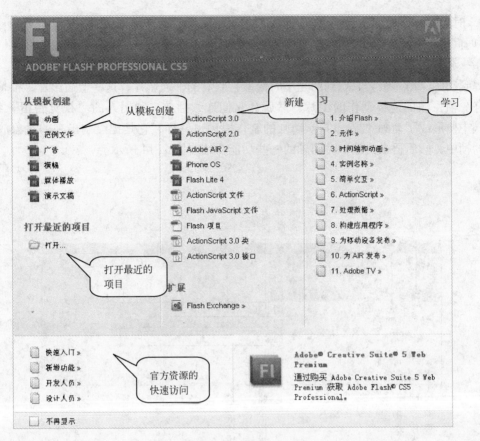

图 1-12　开始页

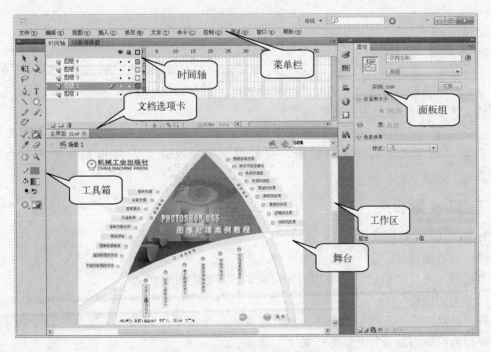

图 1-13　Flash CS5 的工作窗口

3. 时间轴

"时间轴"用于组织和控制文档内容在一定时间内播放的图层数和帧数。"图层"就像堆叠在一起的多张幻灯胶片一样，每个层中都排放着自己的对象。

提到动画，第一个会联想到的是小时候最喜欢看的卡通影片，这些卡通影片，都是事先绘制好一帧一帧的连续动作的图片，然后让它们连续播放，利用人的"视觉暂留"特性，在大脑中便形成了动画效果。Flash 动画的制作原理也一样，它是把绘制出来的对象放到一格格的帧中，然后再来播放。时间轴的一些功能介绍如图 1-14 所示。

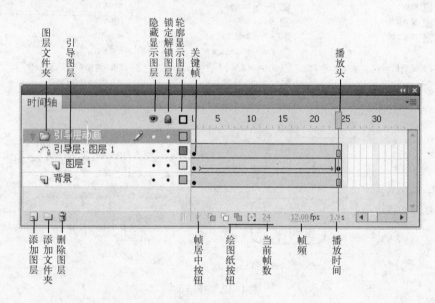

图 1-14　时间轴

4. 工具箱

工具箱由"工具"、"查看"、"颜色"和"选项"4 部分组成。利用工具箱中的各种工具可以绘制需要的图形或者对图形进行编辑处理。在 Flash CS5 中，工具箱可以安排工具的显示模式，图 1-15 所示为工具箱。

可以自定义工具箱中的工具编排次序，选择"编辑"→"自定义工具面板"命令，打开"自定义工具栏"对话框，可以根据需要和个人喜好重新安排和组合工具的位置。

1.3.2　Flash 面板集

1. 面板的基本操作

（1）打开面板

可以通过选择"窗口"菜单中的相应命令打开指定面板。

（2）关闭面板

在已经打开的面板标题上右击，然后在弹出快捷菜单中选择"关闭组"命令即可，或者也可以直接单击面板右上角的"关闭"按钮。

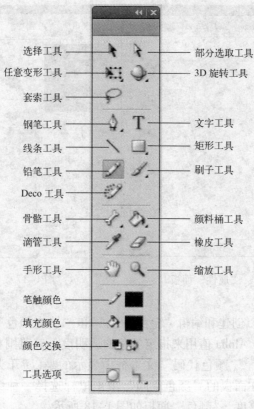

选择工具	部分选取工具
任意变形工具	3D 旋转工具
套索工具	
钢笔工具	文字工具
线条工具	矩形工具
铅笔工具	刷子工具
Deco 工具	
骨骼工具	颜料桶工具
滴管工具	橡皮工具
手形工具	缩放工具
笔触颜色	
填充颜色	
颜色交换	
工具选项	

图 1-15   工具箱

（3）折叠或展开面板

单击面板标题或者面板标题上的折叠按钮可以将面板折叠为其标题栏。再次单击即可展开。

（4）移动面板

可以通过拖动面板的标题栏将固定面板移动为浮动面板，也可以移动面板和其他面板组合在一起。

（5）将面板缩为图标

在 Flash CS5 中，单击面板组右侧的"展开面板"按钮，可以将面板展开，如果单击"折叠为图标"按钮，可以将面板收缩为图标。

2."属性"面板

"属性"面板可以很容易地访问舞台或时间轴上当前选定项的最常用属性，也可以在面板中更改对象或文档的属性。按〈Ctrl + F3〉组合键可以调出"属性"面板，如图 1-16 所示。

3."库"面板

"库"面板用来组织、编辑和管理动画中所使用的元素。当建立元件时，"库"面板就会显示该元件的属性，并可以进行修改，如图 1-17 所示。

图 1-16 "属性"面板　　　　　　图 1-17 "库"面板

4. "颜色"面板

用"颜色"面板可以创建和编辑"笔触颜色"和"填充颜色"。默认为 RGB 模式，显示红、绿和蓝的颜色值。Alpha 值用来指定颜色的透明度，其范围在 0~100%，0 为完全透明，100% 为完全不透明。"颜色代码"文本框中显示的是以#开头十六进制模式的颜色代码，可直接输入。可以在面板的"颜色空间"单击鼠标选择一种颜色，上下拖动右边的亮度控件可以调整颜色的亮度。"颜色"面板如图 1-18 所示。

5. "信息"面板

"信息"面板可以查看对象的大小、位置、颜色和鼠标的信息。"信息"面板分为 4 个区域。在左上方显示对象的宽和高的信息。右上方显示对象的 X 轴和 Y 轴坐标信息，坐标文本框左侧有一个"坐标网络"图标，单击这个图标上的小方块，可以显示对象左上角、左下角、右上角、右下角的坐标信息。左下方显示在舞台中鼠标位置处的颜色值与 Alpha 值；右下方显示鼠标的 X 轴和 Y 轴坐标信息，如图 1-19 所示。

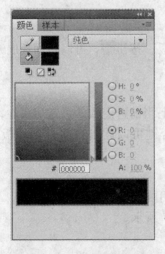

图 1-18 "颜色"面板　　　　　　图 1-19 "信息"面板

6. "变形"面板

"变形"面板可以对选定对象执行缩放、旋转、倾斜和创建副本的操作。"变形"面板分为3个区域。最上面是缩放区，可以输入"垂直"和"水平"缩放的百分比值，选中"约束"复选框，可以使对象按原来的长宽比例进行缩放；选中"旋转"单项按钮，可输入旋转角度，使对象旋转；选中"倾斜"单选按钮，可输入"水平"和"垂直"角度来倾斜对象；如果需要变形的对象是元件的话可以实现"3D旋转"和"3D中心点"的变形；单击面板下方的"复制并应用变形"按钮🔲，可复制对象的副本并且执行变形操作；单击"重置"按钮🔲，可恢复上一步的变形操作，如图1-20所示。

7. "对齐"面板

"对齐"面板可以重新调整选定对象的对齐方式与分布，如图1-21所示。

图1-20　"变形"面板

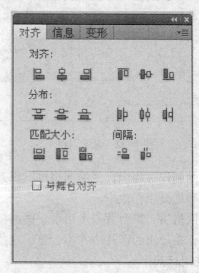

图1-21　"对齐"面板

"对齐"面板分为5个区域。

- 与舞台对齐：按下此按钮可以调整选定对象相对于舞台尺寸的对齐方式和分布；如果没有按下此按钮则是两个以上对象之间的相互对齐的分布。
- 对齐：用于调整选定对象的左对齐、水平对齐、右对齐、上对齐、垂直中齐和底对齐。
- 分布：用于调整选定对象的顶部、水平居中和底部分布，以及左侧、垂直居中和右侧分布。
- 匹配大小：用于调整选定对象的匹配宽度、匹配高度或匹配宽和高。
- 间隔：用于调整选定对象的水平间隔和垂直间隔。

1.3.3　网格、标尺和辅助线

网格、标尺和辅助线是3种辅助设计工具，它们可以帮助Flash动画制作者精确地勾画和安排对象。下面介绍它们的使用方法。

1. 使用网格

对于网格的应用主要有"显示网格"、"编辑网格"和"对齐网格"3个功能。执行

"视图"→"网格"→"显示网格"命令，可以显示网格线，如图1-22所示。

执行"视图"→"网格"→"编辑网格"命令，打开"网格"对话框，在对话框中可编辑网格的各种属性，如图1-23所示。

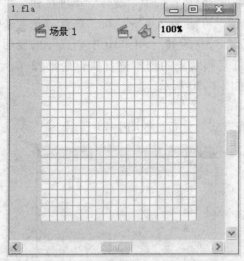

图1-22　显示网格　　　　　　　　　　图1-23　"网格"对话框

在动画制作过程中，借助网格可以很方便地绘制一些规则的图形，并且可以提高图形的制作精度和提高工作效率。

显示网格后，舞台背景上出现一些网格线，这些网格线只是在影片文档编辑环境下起到辅助作用，在导出的影片中并不会显示这些线条。

2. 使用标尺

使用标尺可以度量对象的大小比例，这样可以更精确地绘制对象。选择"视图"→"标尺"命令，可以显示或隐藏标尺。显示在工作区左边的是"垂直标尺"，用来测量对象的高度；显示在工作区上方的是"水平标尺"，用来测量对象的宽度。舞台的左上角为"标尺"的零起点，如图1-24所示。

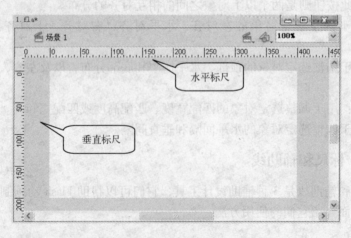

图1-24　显示标尺

标尺的单位默认是"像素"，如果要修改标尺的单位，可以执行"修改"→"文档"命令，打开"文档属性"对话框，在"标尺单位"下拉菜单中可选择合适的单位。

3. 使用辅助线

首先要确认标尺处于显示状态，在"水平标尺"或"垂直标尺"上按下鼠标并拖动到舞台上，"水平辅助线"或者"垂直辅助线"就被创建出来了，辅助线默认的颜色为绿色，如图 1-25 所示。

执行"视图"→"辅助线"→"编辑辅助线"命令，打开"辅助线"对话框，可以在对话框中编辑辅助线的颜色，还可以选择"显示辅助线"复选框、"对齐辅助线"复选框和"锁定辅助线"复选框对辅助线做进一步的设定。执行"视图"→"辅助线"→"锁定辅助线"命令，可以将辅助线锁定。选择"视图"→"辅助线"→"对齐辅助线"命令，可以将辅助线对齐。

在"辅助线"对话框的"贴紧精确度"下拉列表框中可设置辅助线的对齐精度，如图 1-26 所示。

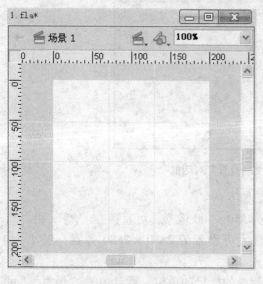

图 1-25　拖出辅助线

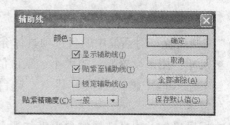

图 1-26　"辅助线"对话框

在辅助线处于解锁状态时，选择工具箱中的"选择工具" ，拖动辅助线可改变辅助线的位置，拖动辅助线到舞台外可以删除辅导线，也可以执行"视图"→"辅助线"→"清除辅助线"命令，删除所有辅助线。

1.4　Flash CS5 的基本操作方法

1.4.1　Flash 动画的制作流程

Flash 动画制作的基本流程是：准备素材→新建 Flash 影片文档→设置文档属性→制作动画→测试和保存动画→导出和发布影片。

1. 准备素材

根据动画的内容需要准备一些动画素材，包括音频素材（声效、音效）、图像素材、视频素材等。一般情况下，需要对这些素材进行采集、编辑与整理，以满足动画制作的需求。

2. 新建 Flash 影片文档

Flash 影片文档有两种创建方法。一种是新建空白影片文档，另一种是从模板创建影片文档。在 Flash CS5 中，新建空白影片文档有两种类型，一种是"Flash 文件（ActionScript 3.0）"，另一种是"Flash 文件（ActionScript 2.0）"，这两种类型的影片文档不同之处在于前一个的动作脚本语言是 ActionScript 3.0，后一个的脚本语言是 ActionScript 2.0。

3. 设置文档属性

在正式动画制作之前，要先设置好尺寸（舞台的尺寸）、背景颜色（舞台背景色）、帧频（每秒钟播放的帧数）等文档属性。这些操作要在"文档设置"对话框中进行，如图 1-27 所示。

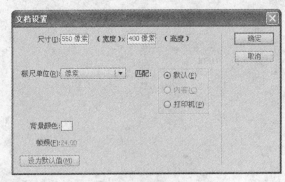

图 1-27 "文档设置"对话框

"文档设置"对话框中的各选项具体介绍如下。

- 尺寸：用来设置舞台的大小，默认值为 550×400 像素，可直接在"宽"和"高"文本输入框中输入数值。其中，舞台最大可设置为 2880×2880 像素，最小为 1×1 像素。
- 标尺单位：用来选择舞台上沿与舞台侧沿的标尺的单位，默认值为"像素"。可以在下拉列表框中选择英寸、点、像素、厘米和毫米等。
- 匹配：若要将舞台大小设置为最大可用打印区域，可以选择"打印机"单选按钮；若将舞台大小设置为内容四周的空间都相等，可选择"内容"单选按钮；如果要将舞台大小设置为默认大小（550×400 像素），可选择"默认"单选按钮。
- 背景颜色：用于设置影片文档的背景颜色，默认为白色。也可以单击该按钮，弹出"颜色"面板，选择其他颜色。
- 帧频：用来设置影片播放的速度，默认值 24 帧/秒（fps），也可以根据需要设置。

4. 制作动画

这是完成动画效果制作的最主要的步骤。一般情况下，需要先创建动画角色，可以用绘图工具绘制，也可以导入外部的素材，然后在时间轴上组织和编辑动画效果。

5. 测试和保存动画

动画制作完成后，可以执行"控制"→"测试影片"命令（快捷键〈Ctrl + Enter〉）对影片效果进行测试，如果满意可以执行"文件"→"保存"命令（或按〈Ctrl + S〉组合键）保存影片。为了安全，在动画制作过程中要经常保存文件。按〈Ctrl + S〉组合键可以快速保存文件。

6. 导出和发布影片

如果对制作的动画效果比较满意了，最后可以导出或者发布影片。执行"文件"→"导出"→"导出影片"命令，可以导出影片。执行"文件"→"发布"命令可以发布影片，通过发布影片可以得到更多类型的目标文件。

1.4.2 制作第一个 Flash 影片

本节利用 Flash CS5 的预设动画功能来制作一个文字特效动画。范例效果如图 1-28 所示。通过制作"欢迎学习 Flash CS5 案例教程"动画的制作过程，介绍如何新建 Flash 文档、设置文档属性、保存文件、测试影片、导出影片、打开文件、修改文件、设置文本以及 Flash 所产生的文件类型等内容。

图 1-28　范例动画效果

动画的制作步骤如下。

1. 新建 Flash 影片文档

1）启动 Flash CS5 软件，出现开始页面，选择"新建"列表中的"Flash 文件（Action-Script 3.0）"，这样就启动 Flash CS5 的工作窗口新建一个影片文档。

2）展开"属性"面板，单击大小后方的"编辑"按钮，弹出"文档属性"对话框。

3）改变文档大小宽度为 770 像素，高度为 430 像素，帧频为 12 帧/秒。

2. 素材导入

执行"文件"→"导入"→"导入到舞台"命令，在弹出的"导入"对话框中选择"素材"文件夹中的"bg.png"图片，然后单击"打开"按钮即可完成导入。

3. 创建文字

1）在工具箱中选择"文本工具" **T**。在"属性"面板中，设置"字体"为黑体，"字体大小"为 40，"文本颜色"为红色，其他属性保持默认，效果如图 1-29 所示。

2）将鼠标移向舞台上单击，在出现的文本框中输入"欢迎学习 Flash CS5 案例教程！"。

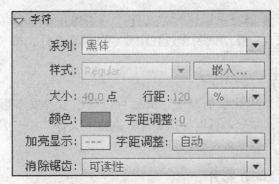

图1-29 "属性"面板中文字属性设置

3）在工具箱中选择"选择工具"，拖动文字到舞台中央的位置，效果如图1-30所示。

图1-30 创建文本对象

4. 文本创建动画

1）选择文字"欢迎学习 Flash CS5 案例教程！"，执行"窗口"→"动画预设"命令，打开"动画预设"面板，选择"默认预设"文件夹中的"波形"动画，如图1-31所示，单击"应用"按钮，即可完成文本动画的创建，时间轴变化如图1-32所示。

图1-31 "动画预设"面板

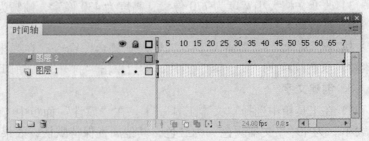

图1-32 时间轴变化

2）单击图层 1 中的第 70 帧，按〈F6〉键插入关键帧。

5. 保存和测试影片

1）执行"文件"→"保存"命令（或按〈Ctrl + S〉组合键）保存影片，弹出"另存为"对话框，指定影片保存的文件夹，输入文件名"Flash 动画制作流程"，单击"保存"按钮。这样就将影片保存起来了，文件的扩展名为 fla。

2）执行"控制"→"测试影片"命令（或按〈Ctrl + Enter〉组合键），弹出测试窗口，在窗口中可以观察到影片的效果，并且可以对影片进行调试。关闭测试窗口可以返回到影片编辑窗口对影片效果进行编辑。

3）打开"资源管理器"窗口，定位在影片文档保存文件夹，可以观察到两个文件，如图 1-33 所示。左边是影片文档源文件（扩展名为 fla），也就是步骤 1 保存的文件；右边是影片的播放文件（扩展名是 swf），也就是步骤 2 测试影片时生成的文件。直接双击影片播放文件可以在 Flash 播放器（对应的软件名称是 Flash Player）中播放动画。

图 1-33　文档类型

6. 导出影片

1）执行"文件"→"导出"→"导出影片"命令，弹出"导出影片"对话框，指定导出影片的文件夹，输入导出影片文件名，单击"保存"按钮，即可完成影片的导出。

2）也可以进行"发布"影片，执行"文件"→"发布设置"命令，弹出"发布设置"对话框，如图 1-34 所示。

图 1-34　"发布设置"对话框

在"发布设置"中选择"Flash（.swf）"和"Windows 放映文件（.exe）"两种发布格式，单击"发布"按钮后，即可发布。此时可以生成"Flash 动画制作流程.exe"文件。

7. 关闭和打开影片文档

单击影片文档窗口右上角的"关闭"按钮 ⊠，关闭影片。

在开始页的"打开最近的项目"下，单击"Flash 动画制作流程 . fla"文件，就把影片文档重新打开了。

如果想给文本添加滤镜效果的话，单击舞台上的"欢迎学习 Flash CS5 案例教程！"文本对象，接着在"属性"面板中展开"滤镜"选项，单击"添加滤镜"按钮 🔳，选择"投影"选项，如图 1-35 所示，参数设置如图 1-36 所示，预览效果如图 1-28 所示。

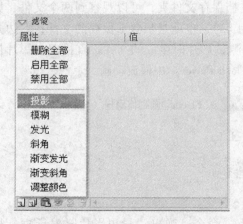
图 1-35　"滤镜"面板选项

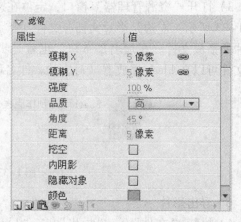
图 1-36　"滤镜"投影效果参数

1.5　Flash 专业快捷键应用

1.5.1　快捷键指法应用

快捷键操作是指通过键盘的按键或按键组合来快速执行或切换软件命令的操作，作为职业的动画设计人员如果不会快捷键，就好像书法爱好者不懂怎样握毛笔一样。用快捷键比不用快捷键在制作同一个动画项目时，开发效率至少提高一倍，换句话说，如果用快捷键操作 3 个小时完成的工作，如果不用快捷键可能要一天干 6 个小时才能完成，甚至还要加班完成。

1. 指法介绍

动画制作中 Flash 软件的快捷键相当丰富，在这里举个例子来说明快捷键的使用方法与技巧。

快捷键〈Ctrl + A〉的功能是选择全部（与 Windows 操作系统一样）。

操作含义：按下〈Ctrl〉键不松手，然后按一下〈A〉键，最后松开所有按键。

操作要点：按下第一个组合键时不可松手，确保在按下它的前提下，去按第二个组合键，同样在按两个组合键时第一个组合键不可松开。

操作指法（以左手操作键盘，右手操作鼠标为例）：如图 1-37 所示。

图 1-37 〈Ctrl + A〉快捷键的指法操作技巧

2. 常见问题

问题 1：许多快捷键在中文输入法状态下无效。解决办法：切换至英文输入状态。

问题 2：按组合快捷键时，先按了的按键不小心松开了，使整个组合快捷键无效（初期会出现）。解决办法：不要松开第一个按键。

问题 3：快捷键与鼠标协同操作时，先松开键盘，后松开鼠标导致鼠标操作无效。解决办法：先松开鼠标，再松开键盘。

1.5.2 常用快捷键

高效的 Flash 操作基本都是左手摸着键盘，右手按着鼠标，很快就完成了一个作品，简直令人叹为观止，常用工具快捷键一览表如表 1-1 所示。

表 1-1　Flash 常用工具快捷键一览表

快　捷　键	功能与作用	快　捷　键	功能与作用
V	选择工具	A	部分选取工具
N	线条工具	L	套索工具
P	钢笔工具	T	文本工具
O	椭圆工具	R	矩形工具
Y	铅笔工具	B	画笔工具
Q	任意变形工具	F	填充变形工具
S	墨水瓶工具	K	颜料桶工具
I	滴管工具	E	橡皮擦工具
H	手形工具	Z	缩放工具

常用的快捷键一览表如表 1-2 所示。

表 1-2　Flash 常用快捷键一览表

快　捷　键	功能与作用	快　捷　键	功能与作用
Ctrl + N	新建图形文件	Ctrl + W	关闭当前图像
Ctrl + O	打开已有的图像	Ctrl + A	全部选择
Ctrl + S	保存当前图像	Ctrl + R	导入文件
Ctrl + C	复制选取的图像或路径	Ctrl + +	放大视图

快　捷　键	功能与作用	快　捷　键	功能与作用
Ctrl + V	将剪贴板的内容粘到当前图形中	Ctrl + −	缩小视图
Ctrl + Z	撤销上一步	Ctrl + B	打散组件
Ctrl + K	对齐	Ctrl + G	结合群组
Ctrl + Shift + Alt + S	导出影片	F12	预览
Ctrl + Shift + F12	发布设置	Ctrl + F12	发布预览
Ctrl + 1	显示 100%	F8	转换为元件
Ctrl + 2	缩放到帧大小	Ctrl + F8	新建元件
Ctrl + 3	显示全部	F5	插入帧
Ctrl + Alt + T	显示时间轴	Shift + F5	删除帧
Ctrl + Alt + Shift + 0	显示标尺	F6	插入关键帧
Ctrl + Alt + Shift + G	显示网格线	F7	插入空白关键帧
Ctrl + Alt + G	靠齐	Shift + F6	清除关键帧
Ctrl + Enter	测试影片	F9	打开"动作"面板
Ctrl + Alt + Enter	测试场景	Shift + F2	显示/隐藏场景工具栏

1.6　小结

　　本章介绍了 Flash 动画概述、Flash 动画及特点、Flash CS5 的工作环境以及 Flash 的基本操作方法，通过一个实例系统地学习了 Flash 动画的制作导出发布的整个流程。

1.7　项目作业

　　1. 在网络中搜索 5 个优秀的 Flash 动画作品，进行交流与展示。

　　2. 根据提供的素材，运用动画预设功能设计制作"春之韵婚纱设计展示"动画，效果如图 1-38 所示。

图 1-38　春之韵婚纱设计展示动画

第 2 章　矢量图形绘制

2.1　绘图和着色工具

绘图和着色工具是整个工具箱的精华部分，Flash 的绘图工作大部分是通过这些工具来实现的。

2.1.1　线条工具

线条工具是绘制各种直线最常用的工具，它的使用非常广泛。首先尝试绘制一条直线。用鼠标单击"线条工具" ╲，移动鼠标到舞台上，按住鼠标并拖动，松开鼠标，一条直线就画好了。

用"线条工具" ╲ 能画出许多风格各异的线条来。打开"属性"面板，在其中，可以定义直线的颜色、粗细和样式，如图 2-1 所示。

在如图 2-1 所示的"属性"面板中，单击其中的"笔触颜色"按钮 ╱ ▭，会弹出一个调色板，此时鼠标变成滴管状。用滴管直接拾取颜色或者在文本框里直接输入颜色的 16 进制数值，16 进制数值以#开头，如"#0000FF"，如图 2-2 所示。

图 2-1　直线"属性"面板

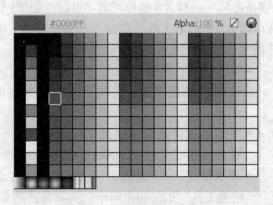

图 2-2　"笔触调色板"面板

现在来画出各种不同的直线。单击"属性"面板中的"编辑笔触样式"按钮，会弹出一个"笔触样式"对话框，选择不同的线形可以有不同的属性设置，如图 2-3 所示设置斑马线参数。

其中的参数大家要通过不同的参数设置来观察结果作出判断。为了方便观察，可把"粗细"设置为 3 像素，在"类型"中选择不同的线型和颜色，设置完后单击"确定"按钮，来看看设置不同笔触样式后画出的线条，如图 2-4 所示。

图 2-3 "笔触样式"对话框

图 2-4 不同类型的线条

多试试改变线条的各项参数，会对绘图能力的提高有很大帮助。

2.1.2 铅笔工具

"铅笔工具" ✐ 主要用于绘制线条和图形，"铅笔工具"的颜色、粗细、样式定义和
"线条工具"一样，它的修正选项可以绘制不同风格的曲线，也可以用于校正和识别基本的
几何图形。"铅笔工具"的绘图模式有 3 种，单击"铅
笔模式"按钮，如图 2-5 所示。

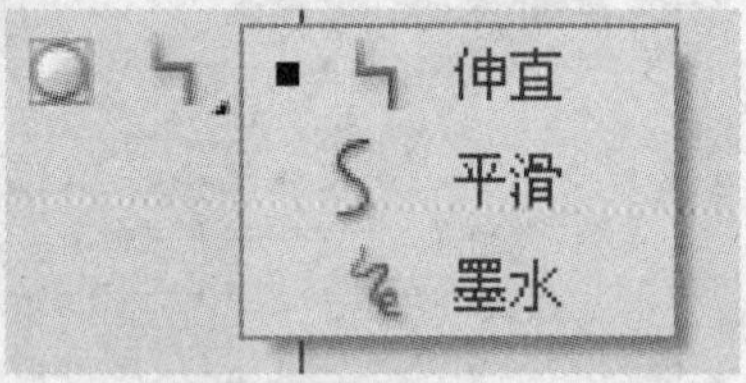

- 伸直模式：在伸直模式下画的线条，它可以将分
  离的直线自动连接，线条变直、歪曲的直线变
  平滑。
- 平滑模式：把线条转换成接近形状的平滑曲线，
  此外一条端点靠近其他线条的线将被相互连接。
- 墨水模式：不加修饰，完全保持鼠标轨迹的形状。

图 2-5 "笔触调色板"面板

"铅笔工具"的使用很简单，大家自己随意练习。画好的线条还可以修正。首先选中绘
制好的线条，然后点击要修正的选项，点一次修正一次。

2.1.3 椭圆工具

"椭圆工具" ◯ 可以绘制椭圆、圆、扇形、圆环等基本图形。在绘图工具箱中选择"椭圆
工具"后，在"属性"面板中可以设置椭圆的笔触颜色、笔触高度、笔触样式、填充颜色、
起始角度、结束角度、内径等属性，如图 2-6 所示，设置参数后绘制椭圆如图 2-7 所示。

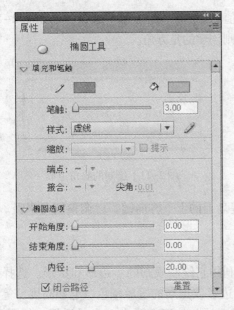

图 2-6 直线 "属性" 面板

图 2-7 "笔触调色板" 面板

根据需要，将椭圆工具的属性设置完成后，在舞台上拖动鼠标即可绘制出需要的图形。绘制的各种图形如图 2-8 所示。

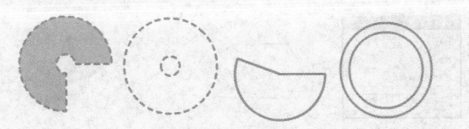

图 2-8 "椭圆工具" 绘制的各类图形

如果想精确绘制矩形，可以选择 "椭圆工具" 后，按下〈Alt〉键在舞台上单击，弹出 "椭圆设置" 对话框，如图 2-9 所示，在其中可以以像素为单位精确设置椭圆的宽、高的数值。

在绘制椭圆时，如果按下〈Shift〉键拖动鼠标，那么可以绘制出圆形。

"基本椭圆工具" 与 "椭圆工具" 的使用方法相似，这里不再赘述。

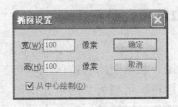

图 2-9 "椭圆设置" 对话框

2.1.4 矩形工具

"矩形工具" □ 可以绘制矩形、圆角矩形、正方形这些基本图形。"矩形工具" 有一个修正选项，它叫圆角矩形半径，通过这个选项可以绘制圆角矩形。"矩形工具" 中 "圆角矩形" 的角度可以这样设定：选择 "矩形工具" 后，单击 "属性" 面板中的 "矩形选项"，可以设置圆角半径为 10 像素（可以输入 0～999 之间的数值），使矩形的边角呈圆弧状，如图 2-10 所示，绘制的矩形如图 2-11 所示。如果数值为 0，则创建的是方角。

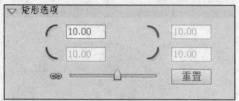

图 2-10　"属性"面板中的"矩形选项"

图 2-11　绘制的圆角矩形

也可以在场景中拖动"矩形工具"时按住键盘上的上下方向键，以调整圆角半径。

2.1.5　多角星形工具

"多角星形工具"  是一个复合工具，可以利用它绘制规则的多边形和星形。选择"多角星形工具"后，在"属性"面板中可以设置多边形或星形的笔触颜色、笔触高度、笔触样式、填充颜色等属性。单击"属性"面板中的"选项"按钮会弹出一个对话框，如图 2-12 所示。

可以设置多边形的边数，多角星形的边数和星形顶点大小，其中数值越小星形的角越尖。使用"多角星形工具"绘制的不同形状如图 2-13 所示。

图 2-12　"工具设置"对话框

图 2-13　使用"多角星形工具"绘制的图形

2.1.6　刷子工具

"刷子工具"的绘制效果和日常生活中使用的刷子类似，它可以绘制出像刷子一样的线条和填充闭合的区域。与"铅笔工具"绘制的单一实线不同的是，"刷子工具"绘制的是轮廓粗细为 0 的填充图形。使用"刷子工具"绘制直线的填充颜色可以是单一颜色也可以是渐变颜色或位图。

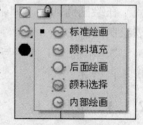

图 2-14　"刷子工具"的
笔刷模式

"刷子工具"包含 5 个修正选项，它们分别是：对象绘制、锁定填充、刷子模式、刷子尺寸、刷子形状。按住刷子模式下的小三角，可以看到里边有 5 种选择，如图 2-14 所示。

- 标准绘画：使用常规喷涂模式绘制的结果在任何线条填充区域之上。
- 颜料填充：画出的线条覆盖填充物，但原有的线条并没有被覆盖掉，它只影响了填色的内容，不会遮盖住线条。

- 后面绘画：绘制的结果只能作用于空白的工作区，所有的填充物、线条和其他项目都不被覆盖，不会影响前景图像。
- 颜料选择：绘制的线条只能作用于选定的填充区域，首先用"箭头工具"选中圆形的填充区域，然后使用"笔刷工具"的颜料选择模式绘制线条，结果只要"箭头工具"选中的部分被覆盖。

内部绘画：绘制的结果取决于开始绘制的位置，它只能作用于线条开始绘制的单一填充区域，如果画笔的起点是在轮廓线以内，那么画笔的范围也只作用在轮廓线以内。

2.1.7　滴管工具

"滴管工具"可以从各种存在的对象，如铅笔绘制的线条、笔刷绘制的线条或各种填充的图形中获得颜色和类型的信息。当滴管经过线条或填充区域时，它的指针会发生变化。

当指针经过线条时，在滴管图标的下方会出现一只小的铅笔 。

当指针经过填充区域时，在滴管图标的下方会出现一个小的笔刷 。

当指针经过线条或填充区域时，并同时按下〈Shift〉键，在滴管图标的下方会出现一个倒置的"U"形，在这种模式下，"滴管工具"可以同时改变各种工具的填充和边框颜色。

"滴管工具"除了可以获得已有对象的颜色和类型信息外，在单击不同对象以后，还会自动转换为其他工具。当单击对象的线条时，"滴管工具"会自动转换为"墨水瓶工具"，这样可以将获得的直线属性应用到其他直线。当单击的是填充区域时，"滴管工具"会自动转换为"颜料桶工具"，这样可以将获得的填充区域属性应用到其他填充区域。如果"滴管工具"获取的填充物是位图，那么"滴管工具"在转换为"颜料桶工具"的同时，位图的缩略图会替代填充物的颜色。

2.1.8　颜料桶工具

"颜料桶工具" 用来填充颜色、渐变色以及位图到封闭的区域。"颜料桶工具"经常会和滴管工具配合使用。

"颜料桶工具"有两个修正选项，它们分别是"间隙大小"和"锁定填充"。"颜料桶工具"的"锁定填充"和"笔刷工具"的"锁定填充"基本类似。只不过"笔刷工具"需要一笔一笔地画满整个填充区域，而"颜料桶工具"可以一次性填满。"间隙大小"带有4个命令，这些允许误差的设置使得图形在没有完全封闭的情况下也可以填充轮廓线围着的区域。如果缺口太大，那只能人工闭合后才能填上。

2.1.9　"颜色"面板

一般打开 Flash 中，单击"颜色"图标按钮 后，"颜色"面板就出现在整个窗口的最右边。也可以执行"窗口"→"颜色"命令调出"颜色"面板，如图 2-15 所示。

颜色填充有纯色、线性渐变、径向渐变和位图填充。线性和放射状填充通过增减颜色滑块可以做出颜色渐变的效果。色块的增加只要把鼠标放在渐变颜色条上，鼠标形状变成 时点击就可以增加，最多可以增加到 16 个。如果想去掉只要用鼠标将色块拖离即可，注意色块最少有两个。颜色渐变速度的快慢由色块之间的距离决定，因此可以拖动色块之间的距离来改变渐变的效果。

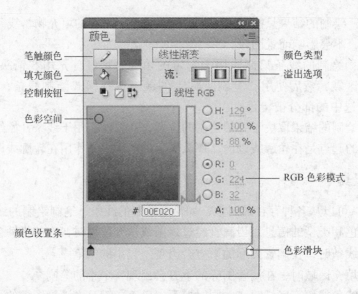

笔触颜色
填充颜色
控制按钮
色彩空间
颜色设置条

颜色类型
溢出选项

RGB 色彩模式

色彩滑块

图 2-15　"颜色"面板

如果选择位图填充的话，需要事先导入一幅图片到库中，则"颜色"面板的外观如图 2-16 所示。这时选取"颜料桶工具"在封闭区域单击就会填上许多图片，如图 2-17 所示。

图 2-16　"颜色"面板中的位图填充

图 2-17　位图填充效果

不过填充的图片要想放大就要选择"渐变变形工具"单击填充的位图，然后拖动其中的控制点将它放大或变形等。

2.1.10　橡皮擦工具

"橡皮擦工具" 主要是用来擦除当前绘制的内容。它包含 3 个修正选项，它们分别为橡皮形状、水龙头模式、橡皮擦除模式。

橡皮擦除模式有以下 5 种可选模式。

● 常规擦除：和普通橡皮一样，可擦除他所经过的线条和填充区域。

● 擦除填充：只能擦除填充区域，不会擦除线条。

● 擦除线条：只能擦除线条而不会影响填充区域。

● 擦除选择的填充：只能擦除选择工具选中的填充区域，没有选中的部分不受影响，线条也不受影响。

- 擦除内部：只能擦除鼠标按下时所选中的区域，鼠标只能从填充区域内部开始而不能从外部开始，否则擦不掉。如果从已经擦掉的空白区域开始擦也擦不掉。
- 水龙头模式：单击可以删除整条线段或填充区域。如果不选择这个模式，那只能先选中对象再按〈Delete〉键删除。而这个工具模式可以一次单击轻松搞定。

2.1.11　渐变变形工具

"渐变变形工具" 用于调整渐变色、填充物和位图填充物的尺寸、角度和中心点。使用该工具调整时，调整对象的周围会出现一些手柄。填充物的内容不同，显示的手柄也不同。

调整填充渐变色中心点。当鼠标移到填充物的中心位置时，鼠标会由 变为 ，这时拖动可以调整填充物的渐变色中心位置。

旋转填充渐变色。当鼠标移到填充物的一个控制点上时，指针会变成 ，这时可以旋转填充物的渐变色。

扭曲或非对称改变填充渐变色。当鼠标指针指向控制手柄上变为 时，可以对填充物的渐变色进行扭曲。

对称调整填充渐变色。当鼠标指针指向控制手柄上变为 时，可以同时改变水平和垂直方向填充物渐变色的填充范围。

使用"渐变变形工具"，选择图 2-17 中的蝴蝶，填充的位图变化如图 2-18 所示。

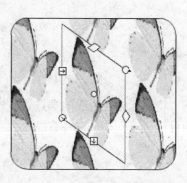

图 2-18　"渐变变形工具"应用

2.2　选择和调整工具

2.2.1　选择工具

"选择工具" 主要用于选择对象、移动对象和改变对象轮廓。

使用"选择工具"选择对象，在单击线条或图形以后，被选中的对象会显示出网格，表示被选中。如果选中的是元件或组件，那么会出现一个细的彩色的边框在选中对象的周围，通常称之为加亮显示。加亮的颜色可以通过"编辑"→"首选参数"来进行设置。

在使用单击选择对象时可以按住〈Shift〉键进行多选。若希望某个被选定的对象解除选定也可以通过按〈Shift〉键进行操作。如果双击对象可以把对象的线条以及颜色一起选中。

选择工具除了单击和双击选择外还可以使用拖曳的方法，在所选择的对象上拖出一个矩形，这样矩形中的对象可以同时被选中。

按〈Esc〉键或者在工作区的任意空白位置单击一下可以取消选择。

使用选择工具修改直线。把鼠标靠近直线，当光标变成一个箭头下方带有一段圆弧的时候，按住鼠标向外拉，松开鼠标后就变成了一段圆弧，如图 2-19 所示。

图 2-19　选择工具更改线条为弧线

a）选择工具放置线条上时的状态　b）拖动选择工具后的线条状态

按住鼠标向外拉的同时按住〈Ctrl〉键，光标的右下方便成了一段直角折线。这时可以将直线折线，拉出一个角，也即增加一个节点，如图 2-20 所示。

图 2-20　选择工具更改线条为折线

a）选择工具放置线条上时的状态　b）按住〈Ctrl〉键拖动选择工具后的线条状态

将鼠标放在直线的端点处，光标变成一个箭头下带直角的形状时，可以拖动直线到指定的目标位置，还可以将直线变长变短，如图 2-21 所示。

图 2-21　选择工具更改线条长短

a）选择工具放置线条上时的状态　b）拖动鼠标改变长度后的效果

2.2.2　部分选取工具

"部分选取工具" ▶ 有两个用途。

1）移动或编辑单个的锚点或切线，这是主要用途。

2）移动单个对象。

部分选取工具会因为鼠标指针的位置和执行的操作不同而显示不同的形状。

- ▶₀：在鼠标指针经过线条的非节点处时，会显示该状态，这时可以拖动整个对象。
- ▶₀：在鼠标经过节点处时，显示该状态，这时可以移动这个节点。
- ▷：在鼠标移动到切线手柄处时，显示该状态，这时可以拖动切线手柄调节曲线的方向。

"部分选取工具" 是修改和调整路径非常有效的工具。要想显示钢笔、铅笔或刷子等工具绘制的线条或图形轮廓上的节点，只要用该工具单击线条或图形轮廓即可，这样就可以显示所有节点。拖动节点或切线手柄可以对线条或图形进行编辑。

"部分选取工具"可以将转角点转换为锚点，只要按住〈Alt〉键，然后单击转角点，这个转角点就会转换为锚点，从而可以调节切线手柄。

锚点、转角点、节点都可以选中〈Del〉键把它删除。

2.2.3　钢笔工具

选择"钢笔工具"在舞台上连续单击可以绘制出一系列的直线，每一次的单击都是一条直线的起点和终点。如果绘制曲线，单击并拖动即可，拖动的长度和方向决定了曲线的形状和宽度。

使用"钢笔工具"可以绘制出两种类型的点：锚点和曲线点，两者通称为节点。

使用"钢笔工具"时鼠标指针会因为所处的位置和执行的操作不同而显示不同的状态。

- ● 🖋× 这是没有使用"钢笔工具"进行任何操作，并且鼠标指针在工作区的空白处移动时，鼠标指针所显示的状态。
- ● 🖋 这是使用"钢笔工具"在绘制线条的过程中所显示的状态。
- ● 🖋+ 当鼠标在路径上的非节点处移动时，鼠标指针会显示出这种状态，这表明可以在该处添加节点。
- ● 🖋 当鼠标停留在路径的锚点上时，鼠标指针显示该状态，这时如果单击该锚点即可将其转换拐点。
- ● 🖋- 当鼠标停留在路径的拐点上时，鼠标指针显示该状态，这表明可以单击删除该拐点。

在使用"钢笔工具"绘制路径时，如果鼠标指针停在了某个节点上，鼠标指针显示该状态。这时可以单击该点以结束当前的绘制过程。

在鼠标指针经过绘制完成的路径或线的非节点处的同时按下〈Ctrl〉键，鼠标指针显示该状态。这时的"钢笔工具"被临时转换成"选择工具" ▶。

在鼠标指针经过绘制完成的路径或线的节点处的同时按下〈Ctrl〉键，鼠标指针显示该状态。这时的"钢笔工具"被临时转换成"选择工具" ▶。

如果要结束"钢笔工具"的绘制可以有以下 3 种方法：①单击工具箱上的"钢笔工具"；②鼠标双击；③按住〈Ctrl〉键在空白处单击。

2.2.4　任意变形工具

"任意变形工具" ▦ 可以对线条、图形、实例或文本对象做出调整。选择"任意变形工具"后，选项标签有 4 个修正选项。它们分别是旋转和倾斜 ⤵、缩放 ▧、扭曲 ⬙、封套 ▨。

使用"任意变形工具"选中对象后，在选中的对象周围会出现控制线和 8 个控制点以及中间的中心控制点，将光标移到这些控制线和控制点上，鼠标的指针会发生变化。中心控制点的作用是缩放或旋转对象时以中心控制点为中心变形的，中心控制点的默认位置是在中心，也可以通过移动鼠标来移动中心控制点的位置。绘制一个矩形框后，使用"任意变形工具"选择矩形框，如图 2-22 所示。

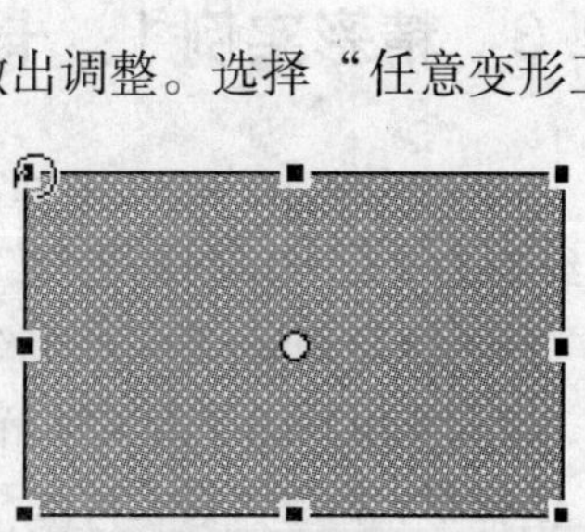

图 2-22　"任意变形工具"
选择矩形后的效果

将鼠标移到四角控制点的外侧时指针会变成⟳形状，表示可以拖动鼠标旋转对象。

将鼠标移到四角控制点上时，会变成⤡或⤢形状表示可以对选中的对象进行缩放，如果要等比例缩放则要按住〈Shift〉键。

将鼠标移到四边的控制点上时，指针会变成↔或↕表示可以调节对象的水平和垂直的尺寸。

将鼠标移到四边的控制线上时，指针会变成‖或⇆表示可以将对象进行倾斜调整。

选择选项当中的"扭曲"选项，拖曳控制点可以实现扭曲调整，如果在调整的同时按住〈Shift〉键可以实现对称调整，即反方向也会被自动调整。

"封套"选项可以使用切线调整曲线。其中的方点表示可以拖动改变填充区域的范围，圆点表示可以改变方点两边的切线即为切线手柄。

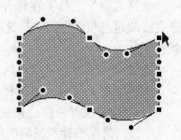

图2-23　使用"封套"
修改矩形的效果

使用"封套"选项调整矩形框为飘动的红旗效果如图2-23所示。

2.2.5　套索工具

"套索工具"🔍是一种选取工具，主要用在处理位图时。选择"套索工具"后，会在"选项"中出现"魔术棒"、"魔术棒属性"和"多边形模式"。

导入到场景中一幅图片然后将其打散，选择"套索工具"，在"选项"里单击"多边形模式"，根据需要单击鼠标，当得到所需要的选择区域时，双击鼠标自动封闭所选区域。

"魔术棒"用于对位图的处理。如果大家要选取位图中同一色彩，可以先设置魔术棒属性。单击"魔术棒属性"按钮，弹出"魔术棒设置"对话框，对于"阈值"，输入一个介于1~200之间的值，用于定义所选区域内，相邻像素达到的颜色接近程度也即敏感度。数值越高，包含的颜色范围越广。如果输入0，则只选择与所单击像素的颜色完全相同的像素。在"平滑"菜单中有4个选项，用于定义所选区域边缘的平滑程度。

2.3　精彩实例1：卡通树木的绘制

本例将使用"线条工具"绘制动画中的元素，目的是让学习者掌握Flash绘图工具中的"线条工具"、"颜料桶工具"、"选择工具"的综合应用方法与特点。

1）打开Flash软件，新建一个Flash文件，默认大小，保存为"卡通树木的绘制.fla"。

2）使用鼠标单击工具箱中的"线条工具"＼，将舞台比例设置为200%。

提示：在绘制图案的过程中最好将舞台的比例设置的稍大一些，这样方便进行细致的绘制，当绘制完成后，再缩放为100%进行观察。

3）在舞台中线条的开始处单击鼠标左键，然后再选择另一个点单击鼠标左键，形成如图2-24所示线条。

4）继续在舞台中绘制，得到如图2-25所示的直线组合形状。

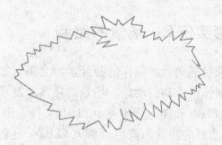

图 2-24　绘制线条　　　　　图 2-25　绘制树木的外轮廓

5）选择"选择工具" ，对舞台的线条进行拖动调整，将鼠标放到线条的两个点之间时鼠标便会显示一条弧线，按住鼠标进行拖动可以将直线拖成弧线，如图 2-26 所示。

6）用上述方法对舞台的线条都进行调整，接着将舞台的线条全部选择，然后在"属性"面板中设置"笔触颜色"为深绿色（#666600），效果如图 2-27 所示。

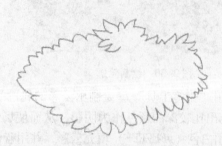

图 2-26　调整弧线　　　　　图 2-27　全部调整弧线

7）使用"线条工具" \ 和"选择工具" 相结合绘制树木的根部，如图 2-28 所示。

8）选择"颜料桶工具" 为树木填充出漂亮的颜色，如图 2-29 所示。

图 2-28　树木轮廓　　　　　图 2-29　填色后的整体效果

提示：填充线条轮廓需要确定线条区域是完全封闭的，否则是无法进行填充，可以使用"选择工具" 将线条的点与点之间进行连接达到密封的效果。

2.4 精彩实例2：场景的绘制

制作场景是通向动画制作的必经学习之路，如果不能有条理、有层次地表现出动画的场景，就无法制作出生动的动画。场景的具体绘制步骤如下：

1）打开Flash软件，新建一个Flash文件，默认大小，保存为"动画场景绘制.fla"。

2）设置动画的背景为蓝色（#89C5FE），通过"钢笔工具"和"选择工具"的配合使用在舞台内绘制出如图2-30所示的线条轮廓。

3）接着使用"颜料桶工具"在轮廓中填充出不同的颜色区域，效果如图2-31所示。

 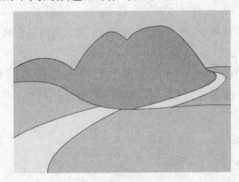

图2-30　绘制轮廓　　　　　　　　　　　　　　图2-31　填色轮廓

4）使用"钢笔工具" 绘制出云彩的轮廓线，在这里可以多绘制一条轮廓线，因为这样可以填充出比较深的颜色作为阴影，从而使场景层次丰富，如图2-32所示。

5）使用白色（#FFFFFF）填充云彩，并用蓝色（#DDF9FF）填充云彩的阴影，如图2-33所示。

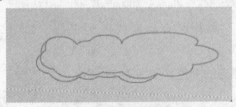 

图2-32　云彩轮廓　　　　　　　　　　　　　　图2-33　填色云彩

6）删除掉线条后的最终效果如图2-34所示。

7）将实例1中树木添加到场景中，效果如图2-35所示。

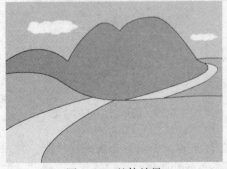 

图2-34　整体效果　　　　　　　　　　　　　　图2-35　最终效果

2.5 精彩实例3：动画的角色设计

本例通过制作一个动画角色的造型，系统应用本章所用的各种工具。

1）打开 Flash 软件，新建一个 Flash 文件，默认大小，保存为"动画角色设计.fla"。

2）单击"钢笔工具" ，然后在舞台上单击鼠标左键创建节点，将大致轮廓勾画出来。然后使用"部分选取工具" 对其进行修改，如图 2-36 所示，整体轮廓如图 2-37 所示。

图 2-36　勾画轮廓　　　　　　　　　图 2-37　整体轮廓

3）当轮廓绘制完成后进行颜色的填充处理，首先将角色的帽子填色，单击工具箱中的"颜料桶工具"，选择填充色为蓝色，填充效果如图 2-38 所示。

4）绘制角色的眼睛，采用步骤 3 同样的方法填充角色的脸部，效果如图 2-39 所示。

图 2-38　帽子填色效果　　　　　　　图 2-39　脸部填色效果

5）使用上一步的方法对整个角色进行填充。填充过程中配合使用"套索工具" 对其填允色进行部分删除以显示角色轮廓阴影。

6）最后使用"刷子工具"对角色的衣服褶皱、皮肤的阴影等绘制，最终效果如图 2-40 所示。

图 2-40   动画角色整体效果

2.6   精彩实例 4：梦幻泡泡

通过本例的学习，基本掌握"颜色"面板、"颜料桶工具"、"渐变变形工具"、"套索工具"的使用。

1）新建一个 Flash 文档，在"属性"面板里面设置舞台工作区的宽度为 770 像素、高度为 430 像素，背景色为白色，命名为"梦幻泡泡.fla"。

2）新建一个图层，命名为"背景"。单击"文件"→"导入"→"导入到舞台"命令，通过弹出"导入"对话框，给舞台工作区导入背景图片"bg.png"。

3）在"图层"面板上添加一个新层，命名为"气泡"图层，单击"插入"→"新建元件"命令，弹出"创建新元件"对话框，创建一个气泡图形元件，对话框设置如图 2-41 所示。

图 2-41   "创建新元件"对话框

4）单击"确定"按钮，进入气泡图形元件的编辑界面。单击"窗口"→"颜色"命令（或者按快捷键〈Shift + F9〉），调出"颜色"面板。选择图层 1 的第 1 帧，单击工具箱中的"椭圆工具"，在"颜色"面板中，设置笔触的颜色为无颜色，填充的类型为"纯色"，颜色为浅蓝色（#BBDFF8），Alpha 值为 50%，如图 2-42 所示，按住〈Shift〉键在舞台工作区中画一个正圆。

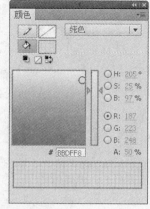

图2-42 绘制淡蓝色的圆

5）单击时间轴左下角的"插入图层"按钮 ，在图层1的上方增加图层2，在"颜色"面板中设置填充的类型为"径向渐变"，颜色为白色（#FFFFFF）到无色（Alpha值为0%）过渡，在舞台工作区画一个有亮度的圆，利用工具箱中的"渐变变形工具" ，调整亮点的大小和形状，放置在蓝色透明气泡的右下角，如图2-43所示。

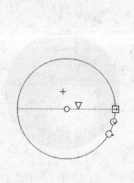

图2-43 右下角亮点设置

6）单击时间轴左下角的"插入图层"按钮 ，在图层2的上方增加图层3，在"颜色"面板中设置填充的类型为"径向渐变"，颜色为无色（Alpha值为0%）到白色（#FFFFFF）过渡，在舞台工作区画一个有亮度的圆，利用工具箱中的"渐变变形工具" ，调整亮点的形状成白色的月牙环形，放置在蓝色透明气泡的左上角，如图2-44所示。

7）单击时间轴左下角的"插入图层"按钮 ，在图层3的上方增加图层4，在"颜色"面板中设置填充的类型为"径向渐变"，颜色为白色（#FFFFFF）到无色（Alpha值为0%）过渡，在舞台工作区画一个有亮度的圆，利用工具箱中的"渐变变形工具" ，调整亮点的大小和形状，放置在蓝色透明气泡的右下角，如图2-45所示。

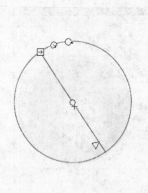

图 2-44　左上角亮点设置

图 2-45　右下角角亮点设置

8）最后，将 4 个图层的内容全部显示出来，一个晶莹剔透的气泡就绘制好了。

9）单击"场景 1"，退回到场景编辑区，单击"窗口"→"库"命令，调出"库"面板。将绘制好的气泡元件连续从库中拖放到"泡泡"图层中，利用工具箱中的"渐变变形工具"和"选择工具"，调整气泡元件的大小和位置，将它们摆放到舞台中合适的位置，效果如图 2-46 所示。

图 2-46　梦幻泡泡效果

10）单击"文件"→"保存"命令，将文件保存。

2.7　小结

　　本章介绍了 Flash 中的绘图和着色工具与选择和调整工具，通过卡通树木的绘制、场景的绘制、动画的角色设计、梦幻泡泡几个实例，系统地应用了各种绘图和着色工具与选择和调整工具。

2.8　项目作业

　　1. 根据素材"送福娃 . jpg"（如图 2-47 所示）的形象，绘制送福娃的 Flash 矢量文件。

　　2. 运用"幻影泡泡"实例中的泡泡的绘制方式绘制小星星，如图 2-48 所示。

图 2-47　送福娃效果图

图 2-48　闪烁的星星效果

第3章　图形对象编辑

3.1　图形对象的变形

3.1.1　图形对象的缩放、旋转、倾斜

在 Flash 中，选择舞台上的一个或多个图形对象时，选择"修改"→"变形"→"缩放"命令，可以对选择对象进行缩放变形。缩放对象时可以沿水平方向、垂直方向或同时沿两个方向放大或缩小对象。

如果要沿水平方向和垂直方向缩放对象，可拖动某个角的手柄，如图 3-1 所示。缩放时长宽比例仍旧保持不变，按住〈Shift〉键可以进行不一致的缩放。如果要沿着水平方向或者垂直方向缩放对象，可拖动中心手柄，如图 3-2 所示。

图 3-1　水平与垂直方向缩放图　　　　图 3-2　水平或垂直方向缩放

旋转对象会使该对象围绕其变形点旋转。变形点与注册点对齐，默认位于对象的中心，用户可以通过拖动来移动该点。执行"修改"→"变形"→"旋转与倾斜"命令，可对图像进行旋转与倾斜操作，如图 3-3 所示。

a)　　　　　　　　　　　　　　　　　b)

图 3-3　旋转与倾斜图形对象

a) 旋转图形对象　b) 倾斜图形对象

通过执行"修改"→"变形"→"顺时针旋转 90 度"／"逆时针旋转 90 度"命令，可对图像进行顺时针或者逆时针 90°的旋转。

在 Flash 中可以通过以下两种方法旋转对象。

方法一：使用"任意变形工具" ▦ 拖动对象进行旋转（可以在同一操作中倾斜和缩放对象）。

方法二：通过在"变形"面板中输入指定角度进行旋转对象（可以在同一操作中缩放对象）。

3.1.2 翻转对象

在 Flash 中，通过菜单命令，用户可以沿垂直轴或水平轴翻转对象，其操作方法如下。

方法一：选择需要翻转的图形对象，选择"修改"→"变形"→"垂直翻转"命令，即可将图形对象进行垂直翻转。

方法二：选择需要翻转的图形对象，选择"修改"→"变形"→"水平翻转"命令，即可将图形对象进行水平翻转。

例如，将县官卡通图形在舞台上进行垂直和水平翻转，其效果如图 3-4 所示。

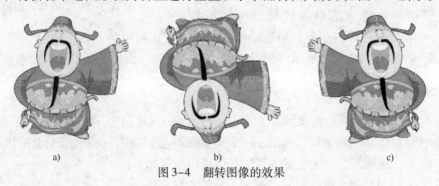

a)   b)   c)

图 3-4　翻转图像的效果

a）原图　b）垂直翻转效果　c）水平翻转效果

3.1.3 扭曲对象

对选定的对象进行扭曲变形时，可以拖动边框上的角手柄或边手柄，移动该角或者该边，然后重新对齐相邻的边。按住〈Shift〉键拖动角点将扭曲限制为锥化，按住〈Ctrl〉键单击拖动边的中点，可以任意移动整个边。可以使用"扭曲"命令扭曲图形对象，还可以在对象进行任意变形时扭曲。

对图形对象进行扭曲有两种方法。

方法一：选择对象，单击"任意变形工具" ▦，对象四周出现操作框和控制手柄。按住〈Ctrl〉键，指针移动到操作框顶角时，出现扭曲图标。按住〈Ctrl〉键不动，拖曳角手柄，可扭曲形状。

方法二：选择对象，执行"修改"→"变形"→"扭曲"命令，对象四周出现操作框和控制手柄。指针移动到操作框边手柄或角手柄时，出现扭曲图标。

注意，"扭曲"命令不能修改元件、图元形状、位图、视频对象、声音、渐变、对象组合或文本。如果多项选区包含以上任意一项，则只能扭曲形状对象。若要修改文本，首先要将字符分离为形状对象。

3.1.4　更改和跟踪变形点

在变形期间，所选元素的中心会出现一个变形点。变形点最初与对象的中心点对齐，用户可以移动变形点，将其返回到它的默认位置。

对于缩放、倾斜或者旋转图形对象、组和文本块，默认情况下，与被拖动的点相对的点就是原点。对于实例，默认情况下，变形点是原点，用户可以移动变形的默认原点。

选择"任意变形工具" ，或从"修改"→"变形"菜单中选择一个命令，在开始进行变形之后，用户可以在"信息"面板（如图3-5所示）和"属性"面板中跟踪变形点的位置。

默认情况下，"注册/变形点"按钮处于注册模式下，并且 X 和 Y 值显示当前选区左上角相对于舞台左上角的位置。

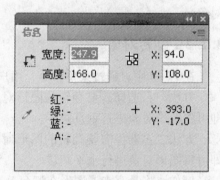

图3-5　"信息"面板

在所选的图形对象中，拖动变形点，可以移动变形点；双击变形点可将变形点与元素的中心点重新对齐；在变形期间拖动所选对象控制点的同时按住〈Alt〉键，切换缩放或倾斜变形的原点；单击"信息"面板中的"注册/变形点"按钮 ，右下角变成一个圆圈，表示已显示注册点坐标，在"信息"面板中可以显示变形点坐标。

3.1.5　封套功能

"封套"功能允许弯曲或扭曲对象。封套是一个边框，其中包含一个或多个对象，更改封套的形状会影响该封套内对象的形状。可以通过调整封套的点和切线手柄来编辑封套形状。

在 Flash 中，使用封套功能变形图像的具体操作步骤如下：

1）按〈Ctrl + O〉组合键，打开"锄禾.fla"素材文件。

2）使用选择工具 选择文本，连续两次按〈Ctrl + B〉组合键可将文字打散为图形，如图3-6所示。

3）执行"修改"→"变形"→"封套"命令，在文本图形的周围出现封套变形框，如图3-7所示。

图3-6　打散文字

图3-7　封套变形框

4）将鼠标指针放置在变形框上侧的中心控制点上，此时鼠标指针变为空心 形状。按住鼠标左键并向下拖动鼠标，变形文本图形对象，如图3-8所示。

5）将鼠标移动至变形框的左下角的切线手柄上，将其向下拖曳，调整手柄的方向和长度来调整文本对象的形状。为取得想要的效果，可调整封套边框的每一个黑点来调整图像的形状，如图3-9所示。

图3-8　调整控制点位置　　　　　　　　　图3-9　调整切线手柄位置

注意，"封套"命令不能修改元件、图元形状、位图、视频对象、声音、渐变、对象组合或文本。如果多项选区包含以上任意一项，则只能扭曲形状对象。若要修改文本，首先要将字符转换为形状对象（可使用〈Ctrl＋B〉组合键）。

3.1.6　使用"变形"面板

在 Flash 中使用"变形"面板可以对对象进行更加精确的缩放和旋转。在使用"变形"面板缩放、旋转和倾斜时，Flash 会保存对象的初始大小及旋转值。在进行该过程中，用户可以删除已经应用的变形并还原初始值。调出"变形"面板（如图3-12所示）有以下两种方法。

方法一：选择"窗口"→"变形"命令。

方法二：使用〈Ctrl＋T〉组合键。

"变形"面板使用方法如下所示。

1）在画布中绘制树叶图像对象，并将其组合（快捷键〈Ctrl＋G〉），如图3-10所示，使用"任意变形工具"单击树叶图形对象，调整其中心至树叶底端上，如图3-11所示。

2）按〈Ctrl＋T〉组合键调出"变形"面板。在图形面板中单击"复制选区并变形"按钮 ，复制一个树叶，接下来在其"旋转"选项中设置角度为45°，如图3-12所示，可将复制后的图形进行旋转45°，如图3-13所示。

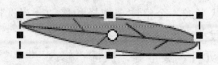

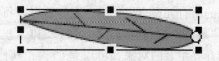

图3-10　绘制的树叶形状　　　　　　　　图3-11　调整后的中心点位置

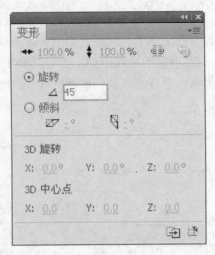

图 3-12 调整后 "变形" 面板

3) 继续单击 "复制选区并变形" 按钮 ⊞ 可进行多次旋转并复制，效果如图 3-14 所示。

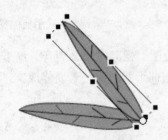

图 3-13 变形后效果

图 3-14 多次使用 "变形" 后的效果

在 Flash 中，选择 "编辑" → "撤销" 命令只能撤销在 "变形" 面板中执行的最近一次的变形。在取消选择对象之前，单击 "变形" 面板中的 "取消变形" 按钮 ⊡，可以重置在该面板中执行的所有变形。

3.2 图形对象的组合与分离

在 Flash 中，如果对多个元素进行移动、变形等操作，可以将其进行组合，作为一个组对象来处理，这样可以省编辑的时间，此外，也可以将组合的图形对象进行解组和分离，重新进行编辑。

3.2.1 组合对象

组合是将多个元素作为一个组对象来处理。例如，绘制了一幅花的图形形状后，可以将该形状的所有元素合成一组，这样就可以将该形状当成一个整体来选择和移动。当选择某个组时，"属性" 面板会显示该组的 X 和 Y 坐标及尺寸，可以对组进行编辑。

选择要组合的对象，可以是形状、其他组、元件、文本等，执行 "修改" → "组合" 命令，或者按〈Ctrl + G〉组合键，将选择多个形状或对象组合为一个对象组。

例如，选择舞台中所有的花朵对象，如图 3-15 所示，然后使用以上任意一种方法，即可将其组合为一个对象，如图 3-16 所示。

图 3-15　选择要组合的对象

图 3-16　组合的对象

如果取消组合，选择组合的对象组，执行"修改"→"取消组合"命令，或按〈Ctrl + Shift + G〉组合键，将对象组重新分离为单个形状或单个对象。

如果编辑组或组中的对象，则选中一个对象组，执行"编辑"→"编辑所选项目"命令，或使用"选择工具" ↖ 双击或多次双击该对象组，可一级级打开组，进入形状编辑环境，如图 3-17 所示。

编辑组中对象时，页面上不属于该组的部分将变暗，表示不可访问。

图 3-17　编辑单个对象

3.2.2　分离对象

如果要将组、实例和位图分离为单独的可编辑元素，可执行"分离"命令，这会极大地减小导入图形文件的大小。

在 Flash 中，使用以下 3 种方法可以分离选择的对象。

方法一：选择"修改"→"分离"命令。

方法二：使用〈Ctrl + B〉组合键。

方法三：选择要分离的对象并右击，在弹出的快捷菜单中选择"分离"命令。

例如，选择舞台中的"小包"元件，连续两次按〈Ctrl + B〉组合键，可以将其打散，其选择效果如图 3-18 所示。

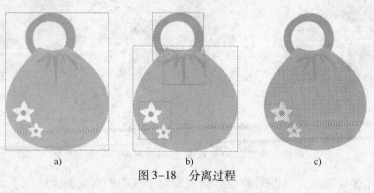

a)　　　　　　　　b)　　　　　　　　c)

图 3-18　分离过程

a) 原图　b) 分离一次　c) 分离两次

"分离"和"取消组合"命令是不一样的概念，"取消组合"命令可以将组合的对象分开，并将组合的元素返回到组合之前的状态。它不会分离位图、实例或文字，已不能将文字转换为轮廓。

3.3 图形对象的排列与对齐

3.3.1 层叠对象

在图层内，Flash 会根据对象的创建顺序层叠对象，将最新创建的对象放在最上面。对象的层叠顺序决定了它们在重叠时的出现顺序。用户可以在任何时候更改对象的层叠顺序。画出的线条和形状总是在堆的组和元件的下面，要将它们移动到堆的上面，必须组合它们或将它们变成元件。

在 Flash 中，选择舞台中需要排列的图形对象，选择"修改"→"排列"子菜单中的命令，或者单击鼠标右键，在弹出的快捷菜单中选择相应的命令，即可调整对象的层叠位置，如图 3-19 所示。

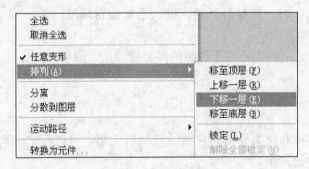

图 3-19　排列菜单

在图 3-20a 中为 3 个对象的上下层叠顺序，选择对象"1"，执行右键"排列"→"下移一层"命令，效果如图 3-20b 所示；选择对象"2"，执行右键"排列"→"移至底层"命令，效果如图 3-20c 所示。

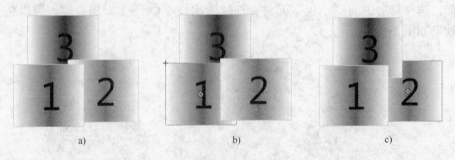

图 3-20　图形对象排列

a) 原图　b) 对象"1"下移一层　c) 对象"2"移至底层

如果选择了多个对象，这些对象会移动到所有未选中的对象的上面或下面，而这些对象之间的相对顺序保持不变。

3.3.2 对齐对象

利用"对齐"面板中的各项功能或选择"修改"→"对齐"子菜单中的命令，可以将对象精确地排列，并且还可以实现调整对象的间距或匹配大小等功能。使用"对齐"面板，能够沿着水平或垂直轴对齐所选对象。用户可以沿选定对象的右边缘、中心或左边缘垂直对齐对象，或者沿选定对象的上边缘、中心或下边缘水平对齐对象。

图 3-21 "对齐"面板

使用以下两种方法可以调出"对齐"面板（如图 3-21 所示）。

方法一：选择"窗口"→"对齐"命令。

方法二：使用〈Ctrl + K〉组合键。

在"对齐"面板中，包括"对齐"、"分布"、"匹配大小"、"间隔"和"相对于舞台"5 个功能区，下面分别介绍这 5 个功能区中各按钮的含义及应用。

- "与舞台对齐"按钮：当该按钮处于激活状态下，单击该按钮后，可使对齐、分布、匹配大小、间隔等操作以舞台为基准。
- 对齐：在该功能区中，通过单击"左对齐"按钮▣、"水平居中"按钮▣等，可分别将对象向左、垂直居中、向右、向顶等方式进行对齐，部分对齐效果如图 3-22 所示。

a)   b)

图 3-22 使用对齐功能

a) 原图 b) 垂直居中对齐

- 分布：在该功能区中，通过单击"顶部分布"按钮▣、"垂直居中分布"按钮▣、"底部分布"按钮▣、"左侧分布"按钮▣、"水平居中分布"按钮▣或"右侧分布"按钮▣，可将选择的对象分别以顶部、垂直居中、底部、左侧、水平居中或右侧等方式进行分布，部分分布效果如图 3-23 所示。
- 匹配大小：在该功能区，通过单击"匹配宽度"按钮▣、"匹配高度"按钮▣、"匹配宽和高"按钮▣，可以将选择的对象分别进行水平缩放、垂直缩放、等比例缩放，其中最左侧的对象是其他所选对象匹配的基准，部分应用效果如图 3-24 所示。

a)   b)

图 3-23 使用分布功能

a) 原图 b) 水平居中分布

a)   b)

图 3-24 使用匹配大小功能

a) 原图 b) 匹配宽和高

- 间隔：在该功能区，通过单击"垂直平均间隔"按钮 ⬚、"水平平均间隔"按钮 ⬚，可以使选择的对象在垂直方向或水平方向的间隔距离相等，其间隔效果如图 3-25 所示。

a)   b)

图 3-25 使用间隔功能

a) 原图 b) 水平平均间隔

3.4 精彩实例：绘制田园风光

下面通过使用图形编辑功能绘制田园风光效果，向读者介绍对图形进行各种复制变形等编辑的实际应用，效果如图 3-26 所示。

图 3-26　田园风光效果图

本案例综合运用了前面章节"绘图工具"的使用以及本章节图形对象编辑的基本操作方法，具体实现步骤如下：

1）新建一 Flash 文档，设置舞台工作区的宽度为 550 像素、高度为 440 像素。

2）按〈Ctrl + Shift + F9〉组合键调出"颜色"面板，设置颜色类型为"线性渐变"，渐变颜色为#4FBDDD 至#A6DFE9。设置"笔触颜色"为无，使用"矩形工具"　绘制　与舞台等大小的矩形区域，并使用"颜料桶工具"　进行纵向填充，效果如图 3-27 所示。

3）为使图像的各个部分独立，采用将图形绘制在多个图层的方式实现。将步骤 2 中绘制的背景所在的图层命名为"背景"，并单击"新建图层"按钮新建一图层，命名为"田地"，将田地的效果绘制在这一图层，如图 3-28 所示。

图 3-27　绘制背景填充区域

图 3-28　图层区域

为使绘制的每一部分图形保持独立，便于进行修改、复制、对齐等操作，在绘制图形时需要选中"对象绘制"按钮　。

4）单击"背景"图层的眼睛将该图层隐藏。使用"钢笔工具"　绘制田地的轮廓，如图 3 - 29 所示。继续使用"颜色"面板，设置颜色类型为"线性渐变"，渐变颜色为#A2D028至#B0D827，使用"颜料桶工具"　对轮廓区域进行填充，填充后删除轮廓，效果如图 3-30 所示。

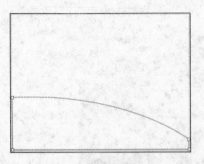

图 3-29　使用钢笔绘制的田地轮廓　　　　　　　　图 3-30　填充后的效果

5）继续新建一图层，命名为"田地2"，并使用鼠标左键拖动该图层放置在"田地"图层的下方。在这一图层上继续绘制田地的效果，并进行从#BFDF39 至#C0E91B 的线性渐变填充，填充后整体效果如图 3-31 所示。

说明：在绘制图形的过程中，为更好地显示效果及不修改其他部分可以单击图层中的眼睛和锁的部分将图层隐藏或者锁住，具体使用方法可参照第5章时间轴及第6章图层部分。

6）新建一图层命名为"花"，在该图层中绘制花朵。首先设置笔触颜色为无，填充颜色为黄色，使用"椭圆工具"绘制一椭圆，并使用"自由变换工具"调整其变形点，使其在中心与底边的中间位置，如图 3-32 所示。

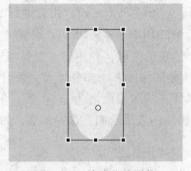

图 3-31　绘制好的田地效果　　　　　　　　　图 3-32　单片花朵形状

7）按〈Ctrl + T〉组合键调出"变形"面板，设置旋转角度为72°，如图 3-33 所示，连续使用5次"重复选区和变形工具" ⬚绘制出花朵的形状，并使用"椭圆工具"在花朵中心位置绘制一花心，效果如图 3-34 所示。

图 3-33　变形面板　　　　　　　　　　　图 3-34　绘制的花朵形状

8）使用"钢笔工具" ✐ 绘制出花的叶子及其他部分，绘制完成后，选中花朵及叶子等花的各个部分，按〈Ctrl + G〉组合键将花朵进行组合，效果如图 3-35 所示。

9）将组合后的花朵进行复制，使用鼠标左键多次单击复制后的花朵，对花朵的颜色进行修改，并利用"自由变形工具" ⬚ 对花朵进行大小及角度的调整，效果如图 3-36 所示。

图 3-35　绘制完成的花朵效果　　　　图 3-36　绘制完成的花朵整体效果

10）创建一新图层，命名为"树"。使用"椭圆工具"及"矩形工具"绘制出树的形状，并将树叶部分和树干部分使用〈Ctrl + G〉组合键进行组合，如图 3-37 所示。接下来复制多个树，并使用"自由变形工具"对复制的树进行大小及位置的调整，整体效果如图 3-38 所示。

图 3-37　绘制完成的花朵效果　　　　　图 3-38　绘制完树后效果图

11）新建一图层并命名为"房子"，在这一图层中利用"直线工具"及其他绘图工具绘制出房子的效果，如图 3-39 所示。

12）新建一图层并命名为"栅栏"。利用"矩形工具"绘制一个栅栏形状，并填充为白色，如图 3-40 所示。复制多个栅栏并进行横向排放，为保证每个栅栏间的距离相等，使用〈Ctrl + K〉组合键调出"对齐"面板，选中所有的栅栏进行"水平居中分布" ᠃，在栅栏中间部分绘制一白色横条将栅栏连接起来，并将所有栅栏使用〈Ctrl + G〉组合键进行组合，如图 3-41 所示。

13）复制一组合后的栅栏放置至房子的右侧，效果如图 3-42 所示。

注意： 在绘制每一部分的图形时要保证"对象绘制"按钮 ◌ 处于选中状态。

图 3-39　绘制完成房子效果

图 3-40　绘制的栅栏效果

图 3-41　绘制完栅栏效果

图 3-42　栅栏整体效果

14）新建一图层并命名为"云彩"。使用"钢笔工具"绘制出不同形状的云彩，并填充成白色，效果如图 3-43 所示。

15）新建一图层并命名为"树枝"。首先，设置填充颜色为#660000，使用"笔刷工具"绘制出树枝的形状。接下来利用"钢笔工具"绘制出树叶的形状，多次复制树叶并调整其大小位置，最终形成如图 3-44 所示的形状。最后对局部进行适当的修饰，形成最终效果如图 3-26 所示。

图 3-43　云彩整体效果

图 3-44　树枝整体效果

3.5　小结

本章介绍在制作动画时对对象进行的各种编辑操作，如变形、合并、分离、排列、对齐等。对象的编辑可以说是使用 Flash 制作动画最基本也是最主要的工作，只有熟练掌握了编辑对象的各种方法和技艺，才能在后面的动画制作中得心应手。

3.6　项目作业

1. 应用前面章节所学习的"绘图工具"及本章图形对象编辑技巧绘制国画"兰花"效果，如图 3-45 所示。

图 3-45　国画"兰花"效果

2. 假设某个动画需要一个公交车的场景，根据需求绘制公交车上的场景，如图 3-46 所示。

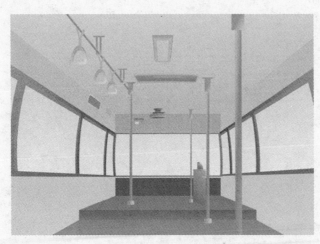

图 3-46　公交车场景效果

3. 根据日常生活，绘制人物跑步的场景，如图 3-47 所示。

4. 根据日常生活，绘制时尚购物的场景，如图 3-48 所示。

图 3-47　跑步场景

图 3-48　购物场景

第4章　文本的使用

4.1　文本的简介及类型

文本是动画中非常重要的组成部分，它可以起到解释和美化的作用。成功的文字效果会为动画起到画龙点睛的作用，使动画效果更上一层楼。

4.1.1　文本的类型

在 Flash 中创建文本对象，如同 Word 文档中的文字效果。通常将用"文本工具"创建的文本称为文本字段。Flash 提供 3 种类型的文本字段：静态文本、动态文本和输入文本。静态文本是不会动态更改字符的文本；动态文本字段显示动态更新的文本，如股票报价或天气预报。输入文本指用户可以在表单或调查表中输入的文本。具体如下。

- 静态文本：顾名思义，静态文本指静止不动的文本，所谓静止不动，是指在播放时文字的内容是固定不变的。
- 动态文本：希望在影片的某个特殊位置某个时间显示变化的文字。例如希望制作一个动态显示当前时间的动画。其中的时间显示就应该用动态文本。
- 输入文本：相当于网页上的登录注册等输入文本框，可以实现与用户的互动，处理用户的输入信息。

4.1.2　文本工具

"文本工具"用于创建和编辑文本，在处理脚本时，也可以用来处理变量的输入和输出。它提供了字体、颜色、排版、超级链接等多种文本参数设定选项。当单击"文本工具"T 在舞台上单击后，会出现一个文本输入框，属性面板的参数会变为文本的参数设定。

单击工具栏中的"文本工具"按钮 T，当鼠标变为卡形状时，单击舞台中任意一点可以创建文本。可以创建水平文本或静态垂直文本。创建文本时，可以将文本放在单独一行中，该行会随输入而扩展，也可以将文本放在定宽字段或定高字段中，这些字段会自动扩展换行。创建的文本字段的一角显示一个手柄，用于标识该文本字段的类型。

对于扩展的静态水平文本，会在该文本字段的右上角出现一个圆形手柄，如图 4-1 所示。对于具有固定宽度的静态水平文本，会在该文本字段的右上角出现一个方形手柄，如图 4-2 所示。当用鼠标拖动扩展的静态水平文本的圆形手柄时，文本字段变成了固定宽度的静态水平文本。

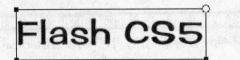

图 4-1　扩展的静态水平文本　　　　　图 4-2　固定宽度的静态水平文本

同理，对于扩展的动态或输入文本字段，会在该文本字段的右下角出现一个圆形的手柄，如图4-3所示。对于具有定义高度和宽度的动态和输入文本，会在该文本字段的右下角出现一个方形手柄。对于动态可滚动的文本字段，圆形或方形手柄会变成实心黑块而不是空心手柄，如图4-4所示。

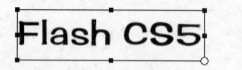
图4-3　扩展的动态或输入文本

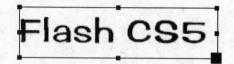
图4-4　动态可滚动文本字段

设置滚动的文本必须是动态文本或输入文本。设置方式是使用"选择工具"右键单击文本字段，在弹出的菜单中选择"滚动"即可。

4.2　文本属性

单击工具箱中的"文本工具"按钮，当鼠标变为卞单击舞台任意一点时，在"属性"面板中将显示"文本工具"的属性。在此可以设置"位置与大小"、"字符"、"段落"、"选项"和"滤镜"，对于"滤镜"部分将单独进行讲解。

4.2.1　文本类型设置

在"属性"面板的最顶端部分用于修改文本的类型，如图4-5所示。选择"传统文本"后可在下面选择3种文本类型：静态文本、动态文本和输入文本。当选择输入"静态文本"时，在下拉菜单的后面可以设置文字的方向，主要有"水平"、"垂直"和"垂直，从左向右"3种类型，而动态文本和输入文本不可以设置文字的方向。

图4-5　文本类型设置

4.2.2　位置和大小

在文本类型的下面是位置和大小，面板如图4-6所示，用于确定文本字段在舞台中的坐标位置及文本字段的宽度和高度。

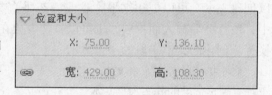
图4-6　位置和大小

4.2.3　字符

在字符部分可以设置文本字段的字体、样式、大小、字母间距和颜色等，如图4-7所示。在设置文本颜色时，只能设置为纯色而不能设置为渐变色，若要设置为渐变色需要将文本转化为组成它的线条和填充。

另外本部分还可以设置消除锯齿，Flash提供了增强的字体光栅化处理功能，可以指定字体的消除锯齿属性。具体内容如下。

- 使用设备字体：指定 SWF 文件使用本地计算机上安装的字体来显示字体。尽管此选项对 SWF 文件大小的影响极小，但还是会强制根据安装在用户计算机上的字体来显示字体。例如，如果将字体 Times Roman 指定为设备字体，则回放内容的计算机上必须安装有 Times Roman 字体才能正常显示文本。因此，使用设备字体时，应只选择通常都安装的字体系列。

图 4-7　字符设置

- 位图文本：关闭消除锯齿功能，不对文本进行平滑处理。将用尖锐边缘显示文本，而且由于字体轮廓嵌入了 SWF 文件，从而增加了 SWF 文件的大小。位图文本的大小与导出大小相同时，文本比较清晰，但对位图文本缩放后，文本显示效果比较差。
- 动画消除锯齿：创建较平滑的动画。由于 Flash 忽略对齐方式和字距微调信息，因此该选项只适用于部分情况。由于字体轮廓是嵌入的，因此指定"动画消除锯齿"会创建较大的 SWF 文件。
- 可读性消除锯齿：使用 Flash 文本呈现引擎来改进字体的清晰度，尤其是较小字体的清晰度。由于字体轮廓是嵌入的，因此指定"可读性消除锯齿"会创建较大的 SWF 文件。

自定义消除锯齿：允许按照需要修改字体属性。自定义消除锯齿属性如下：

清晰度确定文本边缘与背景过渡的平滑度。

粗细确定字体消除锯齿转变显示的粗细。较大的值可以使字符看上去较粗。

注意：

1）使用"动画消除锯齿"呈现的字体在字体较小时会不太清晰。因此，建议在指定"动画消除锯齿"时使用 10 磅或更大的字号。

2）"可读性消除锯齿"可以创建高清晰的字体，即使在字体较小时也是这样。但是，它的动画效果较差，并可能会导致性能问题。如果要使用动画文本，请使用"动画消除锯齿"选项。

4.2.4　段落

在"属性"面板的段落部分，可以设置文本字段的对齐方式、边距与间距方式及行为方式等，如图 4-8 所示。

在面板中，对齐方式确定了段落中每行文本相对于文本块边缘的位置。主要有左对齐、居中对齐、右对齐和两端对齐。

间距中包含了缩进和行距。行距确定了段落中相邻行之间的距离；对于垂直文本，行距调整各个垂直列之间的距离。

图 4-8　段落设置

边距包括左边距和右边距。页边距确定了文本块的边框和文本段落之间的间隔量。缩进确定了段落边界和首行开头之间的距离。对于水平文本，缩进将首行文本向右移动指定距离；对于垂直文本，缩进将首行文本向下移动指定距离。

行为主要指单行、多行和多行不换行。

4.2.5 选项

在"选项"面板中可以设置文本的超链接、目标及变量等，如图4-9所示。对于静态文本只有"链接"和"目标"，链接用于设置链接的内容，目标用于设置打开链接的方式，主要有_blank、_self、_parent、_top等方式。对于动态文本还多了一个"变量"，主要是在进行动态调用或设置时使用。在输入文本中可以设置输入的"最大字符数"。

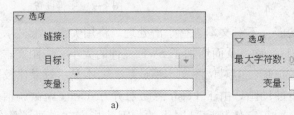

图4-9 选项设置

a）动态文本的选项栏　b）输入文本的选项栏

4.3 文本编辑

4.3.1 分离文本

分离文本，即将每个字符放在一个单独的文本字段中。分离文本之后，可以将文本块分散到各个图层，然后分别制作每个文本的动画效果，但不能分离可滚动文本字段中的文本。

操作步骤如下。

1）使用"选择工具" ，选中文本字段，如图4-10a所示。

2）执行"修改"→"分离"命令（快捷键为〈Ctrl + B〉）。选定文本中的每个字符会被放置在一个单独的文本字段中，文本在舞台上的位置保持不变，如图4-10b所示。

3）再次选择"修改"→"分离"以将舞台上的字符转换为形状，如图4-10c所示。

a）　　　　　　　　　　b）　　　　　　　　　　c）

图4-10 分离文本

a）选取文本　b）使用一次分离　c）使用两次分离

4.3.2 填充文字

将文本分离后就可以使用"颜料桶工具" 对它填充漂亮的渐变色，如图4-11所示。也可以使用"墨水瓶工具" 对其加边框，如图 4-12 所示。将文本分离后，就不能编辑文本了。

图 4-11　分离后渐变填充　　　　　　　　图 4-12　描边后效果

4.3.3　位图填充及扭曲文字

若要将位图作为填充渐变色应用到图形，可使用"颜色"面板。将位图应用为填充时，会平铺该位图，以填充图形。利用"渐变变形工具" ❐ 可以缩放、旋转和倾斜位图的填充效果。

对于分离后的文字已经是基本图形，因此可以对其进行任意变形、扭曲等操作。

4.4　对文本应用滤镜

在文本"属性"面板中的最下方为"滤镜"选项，如图 4-13 所示，它可以作用于文本及影片剪辑，但是不能作用于基本图形或线条上。

1. 滤镜功能

使用滤镜可以非常简单地实现许多比较复杂的效果。尤其在文字效果的创建方面，使用滤镜会更方便。

滤镜有 7 个功能选项，分别是"投影"、"模糊"、"发光"、"斜角"、"渐变发光"、"渐变斜角"和"调整颜色"。下面就来详细地介绍一下"滤镜"在文本中的应用。

2. 为文本添加滤镜效果

在 Flash 中，通过"滤镜"面板中的"添加滤镜" ❑ 按钮，可以对对象进行添加滤镜效果的操作。选中舞台上输入的文本，然后打开"滤镜"面板，单击"添加滤镜"按钮，即可看到滤镜的 7 个功能选项，如图 4-14 所示。

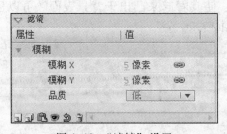

图 4-13　"滤镜"设置

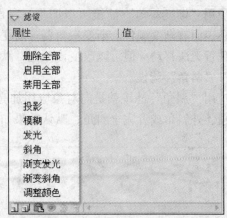

图 4-14　"滤镜"功能选项

3. "投影"滤镜

在舞台中输入"幸福家园"字样，如图 4-15 所示，打开"滤镜"面板，单击"添加滤镜"按钮，在弹出的列表中选择"投影"选项，然后单击舞台空白处，则文本便应用了"投影"滤镜特效。如图 4-16 所示。

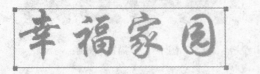

图 4-15　未使用滤镜效果　　　　　　　图 4-16　使用"投影"滤镜后效果

4. "模糊"滤镜

"模糊"滤镜可以柔化对象的边缘和细节。选择舞台中的文本，然后打开"滤镜"面板，单击"添加滤镜"按钮，在弹出的列表中选择"模糊"选项。如图 4-17 所示。

图 4-17　使用"模糊"滤镜后效果

5. "发光"滤镜

"发光"滤镜可以为对象的边缘应用颜色。选择舞台上输入的文本，然后打开"滤镜"面板，单击"添加滤镜"按钮，在弹出的列表中选择"发光"选项。设置"模糊 X"和"模糊 Y"为 10，"阴影颜色"为#000066，如图 4-18 所示。

选中"挖空"复选框，挖空源对象，并在挖空对象上只显示投影。如图 4-19 所示。选中"内发光"复选框，在对象的内侧进行发光。

图 4-18　使用"发光"滤镜后效果　　　　　图 4-19　选中"挖空"后效果

6. "渐变斜角"滤镜

应用"渐变斜角"滤镜可以产生一种凸起效果，使得对象看起来好像从背景上凸起，且斜角表面有渐变颜色。渐变斜角要求渐变的中间有一个颜色，颜色的 Alpha 值为 0。此颜色的位置无法移动，但可以改变该颜色，默认效果如图 4-20 所示。

7. "斜角"滤镜

应用"斜角"滤镜就是向对象应用加亮效果，使其看起来凸出于背景表面。可以创建内斜角、外斜角或者完全斜角，默认效果如图 4-21 所示。

图 4-20　使用"渐变斜角"滤镜后效果　　　图 4-21　使用"斜角"滤镜后效果

58

8. "渐变发光"滤镜

应用"渐变发光"滤镜，可以在发光表面产生带渐变颜色的发光效果。渐变发光要求选择一种颜色作为渐变开始的颜色，该颜色的 Alpha 值为 0。如果无法移动此颜色的位置，但可以改变该颜色，默认效果如图 4-22 所示。

9. "调整颜色"滤镜

使用"调整颜色"滤镜，可以调整所选影片剪辑、按钮或者文本对象的亮度、对比度、色相和饱和度。如图 4-23 中，饱和度为 -100。

 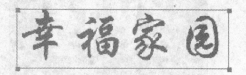

图 4-22　使用"渐变发光"滤镜后效果　　图 4-23　使用"调整颜色"滤镜后效果

4.5　精彩实例 1：立体文字制作

本实例主要通过设置文本的渐变填充颜色，并添加滤镜效果来实现，效果如图 4-24 所示。

图 4-24　立体文字效果图

本案例具体实现步骤如下：

1）新建一个 Flash 文档，设置舞台背景颜色为#330000，使用"文本工具"在舞台中输入白色"2012"字样，字体要选择"厚重"类型，如图 4-25 所示。

2）复制并粘贴文本，选择原始文本，使用右键"转换元件"命令将其选择转化为图形元件，如图 4-26 所示。

 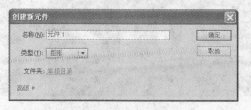

图 4-25　输入文字图　　　　　　　　图 4-26　转换为元件

3）选择复制的文本，在"填充颜色"面板中将其颜色设置为灰色（#999999），如图4-27所示。

4）选择"任意变形工具" ，将文本移至文本图形的位置，并按住文本的控制手柄将其向内侧拖动，如图4-28所示。

图4-27　将复制后的设置为灰色　　　　　　图4-28　变形后效果

5）继续复制一个白色"2012"文本字样，放置在一边待用。

6）将灰色的"2012"字样，连续两次使用〈Ctrl + B〉组合键将其打散分离。

7）打开"颜色"面板，在"类型"下拉列表框中选择"线性"选项，并设置由橙黄到黑色的渐变，如图4-29所示。

8）将图形上面的白色文字，连续3次使用〈Ctrl + B〉组合键将其打散分离，并沿着反方向进行渐变填充，如图4-30所示。

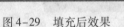

图4-29　填充后效果　　　　　　　　　图4-30　上方文字填充后效果

9）使用钢笔工具沿着第2次复制的"2012"字样绘制一条曲线，如图4-31所示。

10）使用鼠标右键选择"转换为元件"命令将曲线转换为图形元件。连续多次使用〈Ctrl + B〉组合键将曲线下的"2012"字样打散分离。然后再次使用〈Ctrl + B〉组合键将曲线打散分离，如图4-32所示。

图4-31　曲线效果　　　　　　　　　　图4-32　打散后效果

11）将曲线内的白色字体及曲线删除，如图4-33所示。

12）在"颜色"面板中设置"类型"为"径向渐变"，并设置相应的颜色填充文本，颜色如图4-34所示，填充后的图形如图4-35所示。

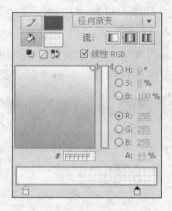

图4-33　删除后效果　　　　　　　　　图4-34　"颜色"面板

13）使用"选择工具" 框选擦出后的剩下的部分，叠放在前面制作的文字图形上方，如图4-36所示。

图4-35　填充后效果　　　　　　　　　图4-36　叠放的图片

14）选中所有的文字图形，使用右键"转换为元件"命令将其转换为图形元件。

15）单击工具栏中的"填充颜色" 图标，选择左下角的默认"径向渐变"色块，如图4-37所示。

16）使用"椭圆工具" 在舞台中绘制图形。单击"颜色"面板设置不同的渐变颜色，在舞台中绘制多个渐变图形；如图4-38所示。

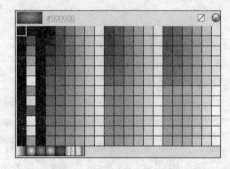

图4-37　选择填充颜色　　　　　　　　图4-38　绘制的渐变图形

17）选择所有的渐变图形，使用鼠标右键中的"转换为元件"命令，将其转化为影片剪辑，如图 4-39 所示。

18）单击影片剪辑元件，在"属性"面板中单击滤镜部分的"添加滤镜" 按钮，选择"模糊"滤镜，设置"模糊 x"和"模糊 y"均为 58，"品质"为高，如图 4-40 所示，效果如图 4-41 所示。

19）将模糊后的图形放置在文字图形的上方，使用鼠标右键"排列"→"移至底层"命令对其层次进行调整，至此立体效果已制作完毕，如图 4-42 所示。

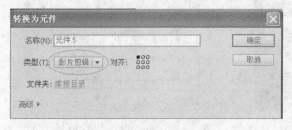

图 4-39　转换为影片剪辑

图 4-40　使用"模糊"滤镜

图 4-41　模糊后效果

图 4-42　调整后效果

操作技巧：

1）如果选择"填充变形工具"单击对象显示不出填充渐变控制点的话，则可以将舞台缩小到一定程度就可以看到了。

2）全选舞台上的对象可以使用"编辑"→"全选"或者〈Ctrl + A〉组合键或者用"箭头工具"拖动将所有对象包括进来或者单击对象所在的图层。

4.6　精彩实例 2：变形文字制作

本案例主要是使用"文本工具"输入文字，然后利用封套对文字进行变形实现。

1）在 Flash 中打开素材文件"变形文字素材 . fla"，如图 4-43 所示。

2）为保证在编辑文字时保持素材图形不被修改，双击素材图像，右键选择"转换为元件"命令，在弹出的对话框中的"类型"下拉菜单中选择"图形"，将素材图像转换为图形元件，如图 4-44 所示。将图片所在"图层 1"重命名为"图片"。

3）单击"时间轴"面板下方的"插入图层"按钮，创建新图层并将其命名为"文字"，将"文字"图层拖曳到"图片"图层的下方，如图 4-45 所示。选择"文本工具" T，在文字"属性"面板中进行设置，如图 4-46 所示，在图片的下方输入需要的黑色文字。按两次〈Ctrl + B〉组合键，将文字打散，转变为基本图形，效果如图 4-47 所示。

图 4-43　变形文字素材

图 4-44　将素材图像转换为元件

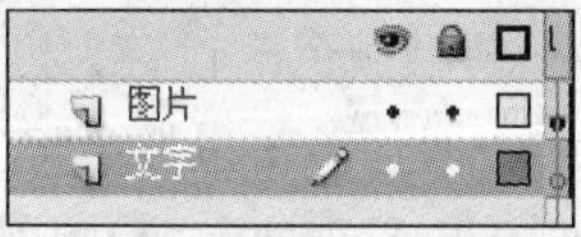

图 4-45　"图层"面板

图 4-46　文字"属性"面板

4）使用"任意变形工具" ，将文本图形高度增加，使之看起来更加协调，如图 4-48 所示。

HELLOWORD

图 4-47　文字打散后效果

图 4-48　文字变形后效果

5）选择"修改"→"变形"→"封套"命令，在当前选择的文字周围出现控制点。将鼠标拖曳到左上方的控制点上当光标变为 时，拖曳控制点到适当的位置，用相同的方法分别选中需要的控制点并拖曳到适当的位置，使文字产生相应的弯曲变化，效果如图 4-49 所示。

说明：在拖曳的过程中为保持控制点的平衡，可调出"标尺"进行参照，方法是右键单击舞台空白处，在弹出的菜单中选择"标尺"命令，然后用鼠标左键在标尺上向舞台中拖动即可出现参考线。

6）选择"窗口"→"颜色"命令，弹出"颜色"面板，在"类型"选项的下拉列表中选择"线性"渐变，选中色带上左侧的控制点，将其设为黄色（#FDCF1A），选中色带上右侧的控制点，将其设为橙色（#DD9B00），如图4-50所示。这时文字也被填充为渐变颜色，在舞台窗口中单击鼠标取消文字的选取状态，如图4-51所示。

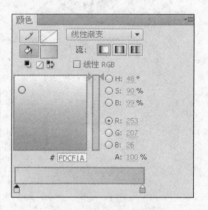

图4-49　封套调整后效果　　　　　　　　　图4-50　"颜色"面板

7）选择"墨水瓶工具" ，在"属性"面板中将"笔触颜色"设置为黑色，"笔触大小"设为2，将鼠标拖曳到文字"H"上，当光标变为 时，单击鼠标为文字填充笔触颜色，使用相同的方法为其他文字填充笔触颜色，效果如图4-52所示，选中所有文字，按〈Ctrl + G〉组合键将其组合。

图4-51　填充颜色后效果　　　　　　　　　图4-52　描边后的效果

8）单击"时间轴"面板下方的"插入图层"按钮，创建新图层并将其命名为"圆形"，将"圆形"图层拖曳到"文字"图层的下方。选择"椭圆" 工具，在"椭圆工具"的"属性"面板中将笔触颜色设为无。调出"颜色"面板，在"颜色类型"选项下拉列表中选择"径向渐变"，选中色带上左侧的控制点，将其设为红色，选中色带上右侧的控制点，将其设为黑色，如图4-53所示。在舞台窗口中的卡通图片和文字下方绘制一个椭圆图形。最后可利用"任意变形工具"对文字图形进行适当的调整，最终的效果如图4-54所示。至此变形文字制作完成，按〈Ctrl + Enter〉组合键即可查看效果。

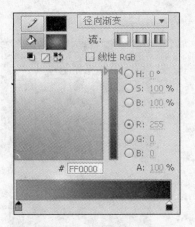

图4-53　"颜色"面板　　　　　　　　图4-54　文字变形最终效果

4.7　精彩实例3：三维文字制作

本例是一个三维字的设计效果，该案例主要使用描边、渐变填充等功能以及结合直线工具进行三维立体效果制作。

1）新建一个 Flash 文档，设置背景颜色为深红色（990000），其他保持默认。

2）点选工具箱中的"文本工具" T，在文字"属性"面板中设置颜色为白色，字体为 Arial Black，大小为 140，如图4-55 所示。

3）单击舞台中央输入一个大写的"M"，如图4-56 所示。

图4-55　文字"属性"面板　　　　　　　图4-56　输入的文字

4）使用〈Ctrl + B〉组合键将文字打散。单击"墨水瓶工具" ，设置工具箱中的笔触颜色为黑色。单击打散后的文本边缘，对文本图形进行描边，如图4-57 所示。

5）单击文本的白色填充图形，使用〈Delete〉键将其删除。用"选择工具"双击黑色线条，将线条全部选中，按住〈Ctrl〉键向右后方向拖动，复制一文本线条轮廓，效果如图4-58 所示。

6）为形成三维立体效果，将复制好的线条与原线条交集的部分删除，如图4-59 所示。

7）点选"直线工具" ，依次对两文本线条轮廓的边缘进行连线，连线的时候点选工具箱中的"紧贴对象" 图标会比较好连。这样一个三维立体效果文字便绘制出来，效果如图 4-60 所示。

图 4-57 描边效果

图 4-58 复制后的效果

图 4-59 删除交叉线条效果

图 4-60 连线边缘后效果

8）点选"颜料桶工具" ，设置填充颜色为黑色。对最外层的文字图形进行填充，效果如图 4-61 所示。

9）继续使用"颜料桶工具"，在"颜色"面板中设置填充类型为"线性渐变"，在色条中添加一个颜色滑块，设置 3 个滑块的颜色分别为#FFFFFF、#CCCCCC 和# FFFFFF，Alpha 值均为 100%，如图 4-62 所示。

图 4-61 填充后效果

图 4-62 "颜色"面板

10）使用"颜料桶工具"对图形的侧面进行渐变填充，效果如图 4-63 所示。点选"渐变变形工具" ，单击填充的内容，并拖动白色空心小圆圈（旋转渐变控制点）进行旋转，可对填充的渐变方向进行调整。至此三维立体效果文字绘制完成。

11）使用"文本工具" T，设置字体为 Viner Hand ITC，若没有此字体可选择一活泼的字体，设置大小为 50，颜色为白色。在舞台中输入大写"TV"两个字母，效果如图 4-64 所示。

图 4-63　渐变填充后效果

图 4-64　颜色面板

12）连续两次使用〈Ctrl + B〉组合键将输入的文字打散，使用"墨水瓶工具" 对其进行黑色描边，并使用〈Ctrl + G〉组合键将其组合为一个图形，效果如图 4-65 所示。

13）使用"任意变形工具" ，对"TV"两个文字图形进行变形、填充颜色及大小等方面的调整，最终形成如图 4-66 所示效果。

图 4-65　描边后效果

图 4 66　最终效果

4.8　小结

本课重点强调"文本工具"的使用，主要讲解文本的编辑，制作特效文字，以及在文本中应用滤镜。学习过程中，多练习滤镜的制作效果，注意结合其他工具进行特效制作，如"任意变形工具"、"渐变变形工具"及"封套工具"等。

4.9　项目作业

1. 本项目主要制作网络广告中的渐变色文字，一组文字的形状大小相同，另一组文字呈波浪形，主要使用"文本工具"、"矩形工具"以及"任意变形工具"中的封套功能，效果如图 4-67 所示。

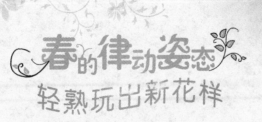

图 4-67　渐变色效果文本

2. 以"迎中秋庆国庆"为主题设计艺术字，效果如图 4-68 所示。

图 4-68　迎中秋庆国庆

第5章 逐帧动画

5.1 场景

5.1.1 场景概述

日常生活中，人们看舞台剧都是分成几幕，一幕落下再换另一幕。同样电影电视拍摄也是如此，一个景拍完再拍另一个景。在 Flash 动画设计当中把幕换成了场景，动画的内容在场景的时间轴和舞台上编辑上演。简单动画只需要一个场景即可，而在创建复杂动画（MTV 或网站动画、动画宣传短片）时，就需要多个场景。因为复杂动画中帧的长度必然增大，图层的数量必然增多，如果把所有的内容都放到一个场景，无论是制作还是维护都非常不方便。另外，还可以使用单独的场景用于简介、出现的消息以及片头片尾字幕等，这样可以把整个动画组织得条理清晰。

启动 Flash 后，默认的场景是"场景 1"，新增的场景在此基础上依次向下排列，如图 5-1 所示为舞台编辑的文档窗口。在编辑区控制栏的左侧有一个编辑当前场景的控制按钮，单击它可以在打开的不同场景之间切换。如果需要打开另外的场景只需按住控制栏右侧的"编辑场景"选择按钮，它就会弹出下拉菜单，就可以选择当前动画的任一场景而进入其编辑区进行编辑。

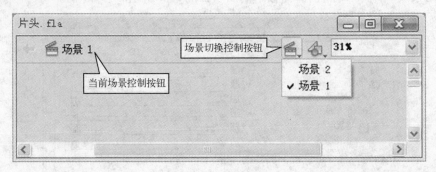

图 5-1 场景应用

文档中的场景将按照它们在 Flash 文档的"场景"面板中列出的顺序进行播放。文档中的帧都是按场景顺序连续编号的。例如，如果文档包含两个场景，每个场景有 10 帧，则场景 2 中的帧的编号为 11~20。可以添加、删除、复制、重命名场景和更改场景的顺序。

5.1.2 场景的基本操作

执行"窗口"→"其他面板"→"场景"命令，可以调出"场景"面板，如图 5-2 所示。单击"场景"面板中的"添加场景"按钮即可完成场景的添加（增加了"场景 2"）；

单击"场景"面板中的"删除场景"按钮 ![icon]即可完成场景的删除。

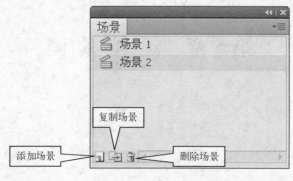

图 5-2　"场景"面板

有时有多个场景不容易区别于其他场景，需要给每个场景命名。在"场景"面板中双击场景名称，然后输入新名称。

在"场景"面板中将场景名称拖到不同的位置松开鼠标即可。

5.2　图层

5.2.1　图层简介

"图层"就像堆叠在一起的多张幻灯胶片一样，每个层中都排放着自己的对象。图层中的对象如果不透明则上层的物体会盖住下层的物体而不可见。但是不同图层中的物体互不影响，就像两张纸一样。"时间轴"面板中的图层如图 5-3 所示。

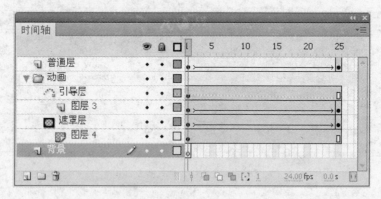

图 5-3　"时间轴"面板中的图层

图层区的最上面有 3 个图标。![icon]用来控制图层中的元件是否可视；![icon]像一把小锁，单击后该图层被锁定，图层的所有的元件不能被编辑，防止误操作已经做好的图层内容；![icon]是轮廓线，单击后图层中的元件只显示轮廓线，填充将被隐藏，这样能方便编辑图层中的元件。

图层有以下几种。

- 层文件夹：图标是 ![icon]，组织动画序列的组件和分离动画对象，有两种状态，![icon]是打开时的状态，▶ ▢是关闭时的状态。

- 引导层：图标是 🕸，使"被引导层"中的元件沿引导线运动，该层下的图层为"被引导层"。
- 遮罩层：图标是 ▨，使被遮罩层中的动画元素只能透过遮罩层被看到，该层下的图层就是"被遮罩层"，层图标是 ▨。
- 普通层：图标是 🗐，放置各种动画元素。

5.2.2　图层的操作

1.　新建图层与重命名

通过执行以下操作之一可以新建图层：

- 单击图层窗口左下角的"插入图层"按钮 🗐。
- 在所选取的图层上单击鼠标右键，从弹出的菜单中选择"插入图层"选项，在当前的图层上方添加新图层。
- 执行菜单"插入"→"时间轴"→"图层"命令。

双击图层的名字，然后输入新的名字按〈Enter〉键即可。

2.　创建图层文件夹

在动画创作过程当中，如果图层太多不方便管理和维护，可以把相同的素材类型存放在图层文件夹中，形成可收缩展开式的文件夹。

选择当前图层，单击下边的"插入文件夹"按钮，这时所选图层的上边出现一个文件夹。可以给文件夹起一个有特征的名字。

3.　将图层放到图层文件夹当中

拖动图层到图层文件夹的下方就可以把图层放到图层文件夹当中，图层和图层文件夹形成一个缩进关系。

4.　选择、复制和粘贴图层

单击图层名可以选中图层，另外，按住〈Shift〉键单击当前图层的另外一层，则当前图层与该图层之间的所有图层被选中，也即连续选择；按住〈Ctrl〉键单击多个图层，则可以不连续选择图层。

单击图层名称，把当前图层中的所有帧都选中，在时间轴上右键选择"复制帧"命令，在新建图层的时间轴上右键选择"粘贴帧"命令，可以把整个图层复制到新的图层。

快速复制一个图层时，先单击层栏中的"新建图层"按钮，新建一个空层，再单击要复制的层的名称，选取所有帧，然后按住〈Alt〉键后拖动所选帧到新建的层。

快速复制多个层时，先新建所需的几个空层，再选取要复制的多个层，然后按住〈Alt〉键拖动已选取的帧到新建的层。

5.　改变图层顺序

改变图层顺序即改变舞台上物体的叠放次序。只需选中图层，然后用鼠标拖动图层到所需的位置。

6.　显示/隐藏图层

单击可视性"眼睛"按钮 👁，或者按住〈Ctrl〉键单击某一图层的可视性图标处的黑色圆点，所有图层的黑色圆点都打上红叉，表示隐藏所有图层，图层上的所有物体都不可见。再次单击可视性"眼睛"按钮，红叉消失表示可见。

按住〈Alt〉键单击层或文件夹名称右侧的可视性"眼睛"按钮 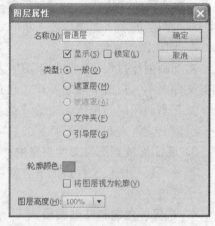，可以隐藏所有其他层和文件夹。再次按住〈Alt〉键单击该标志，可以显示所有的层和文件夹。

7. 锁定/解锁图层

在图层比较多时，又怕修改一个图层当中的对象而误操作另一个图层中的对象时很有用。单击锁定图层"锁定或解锁"按钮，或者按住〈Ctrl〉键单击某一图层的"锁定图层"图标处的黑色圆点，所有图层的黑色圆点都加上锁，表示锁定所有图层，图层上的所有物体都不能被编辑。再次单击"锁定或解锁"按钮，"锁"消失表示解锁。

按住〈Alt〉键单击层或文件夹名称右侧的"锁"标志，可以锁定所有其他层和文件夹。重复该操作，可以解锁所有的层和文件夹。

8. 显示轮廓

在舞台上的对象比较多的时候，不好分辨对象所在的图层或者由于图层的重叠覆盖看不到下边的对象时非常有帮助。单击"轮廓线"按钮，或按住〈Ctrl〉键并单击某图层上的方框图标，则所有图层中的对象都以轮廓显示，每一层的对象轮廓颜色与该图层的方框图标颜色一致，再次单击则显示。

按住〈Alt〉键单击层或文件夹名称右侧的"轮廓线"按钮，可以以轮廓方式显示所有其他层和文件夹。重复该操作，可以恢复所有的层和文件夹。

9. 设置图层属性

选定图层用鼠标右键单击，从弹出的快捷菜单中选择"属性"命令，可打开"图层属性"对话框如图5-4所示。

图5-4 "图层属性"对话框

在"图层属性"对话框中可以设置图层的名称、状态和类型，轮廓颜色和图层高度。

5.3 帧的应用

时间轴上一个一个的格子就是帧，Flash影片将播放时间分解为帧，用来设置动画运动的方式、播放的顺序及时间等。默认是每秒播放24帧，在Flash CS5中采用的计时单位是秒(s)，动画运动中的时间与帧数的比率就是帧频。帧频决定了动画运行的速度，由此可以估算某一帧将出现在那一时间段位置上。例如，若影片帧频被设置为每秒24帧，则第48帧将出现在动画的第2s位置。尽管理论上较高的帧频会使动画运动平滑，但是较高的帧频也可能使Flash文件过大而产生停顿。

5.3.1 常见"帧符号"意义

时间轴中图层上各类帧如图5-5所示。

72

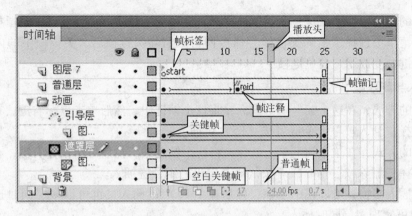

图 5-5 "时间轴"图层上的帧

在"时间轴"面板上，每 6 帧有个"帧序号"标识。

- 关键帧█：关键帧定义了动画的变化环节，逐帧动画的每一帧都是关键帧。而补间动画在动画的重要点上创建关键帧，再由 Flash 自己创建关键帧之间的内容。实心圆点是有内容的关键帧，即实心关键帧。而无内容的关键帧（即空白关键帧）则用空心圆表示。
- 普通帧▯▯▯：普通帧显示为一个个的单元格。无内容的帧是空白的单元格，有内容的帧显示出一定的颜色。不同的颜色代表不同类型的动画，如动作补间动画的帧显示为浅蓝色，形状补间动画的帧显示为浅绿色。而静止关键帧后的帧显示为灰色。关键帧后面的普通帧将继承该关键帧的内容。
- 帧标签 ⚑start：帧标签用于标识时间轴中的关键帧，用红色小旗加标签名表示。
- 帧注释 ∥mid：用于为自己或处理同一文件的其他人员提供提示。用绿色的双斜线加注释文字表示。
- 帧锚记█：用于为动画播放时播放位置的跳转。
- 播放头▮：指示当前显示在舞台中的帧，将播放头沿着时间轴移动，可以轻易地定位当前帧。用红色矩形表示，红色矩形下面的红色细线所经过的帧表示该帧目前正处于"播放帧"。

5.3.2 帧的基本操作

在时间轴的任意帧上单击鼠标右键将弹出一个快捷菜单，在这个快捷菜单中包括了帧的主要操作命令。当然这些命令也可以通过选择插入菜单中的相关命令选取，还可以通过快捷键操作。帧的基本操作包括插入帧、插入关建帧、插入空白关键帧、删除帧、清除帧、转换为关键帧、转换为空白关键帧等。

1. 插入与清除关键帧

如果要在某个帧上创建一个关键帧，只要在这个帧上单击鼠标，此帧成为选中状态，然后单击鼠标右键，在弹出的快捷菜单中选择"插入关键帧"命令即可。如果要在同时创建多个关键帧，只要用鼠标选择多个帧，然后单击鼠标右键，在弹出的快捷菜单选择"插入关键帧"命令即可。当然通过按〈F6〉键一样可以。

关键帧的清除则需要在这个帧上单击鼠标，此帧成为选中状态，然后单击鼠标右键，在弹出的快捷菜单中选择"清除关键帧"命令即可。清除关键帧后，关键帧中的内容同时被清除掉，关键帧变成了空白关键帧。

2. 插入与删除帧

插入帧的方法，在这个帧上单击鼠标，将这个帧选中，然后单击鼠标右键，在弹出的快捷菜单中选择"插入帧"命令或者按〈F5〉键插入。

删除帧的方式，在这个帧上单击鼠标，将这个帧选中，然后单击鼠标右键，在弹出的快捷菜单中选择"删除帧"命令或者按〈F5 + Shift〉组合键插入。

如果要插入多帧，可以选中多帧，然后按〈F5〉键插入，也可以多层同时选中，然后按〈F5〉键可实现多层同时插入。

如果要删除多帧，可以选中多帧，然后按〈Shift + F5〉组合键插入，也可以多层同时选中，然后按〈Shift + F5〉组合键可实现多层同时插入。

3. 插入空白关键帧

在帧上单击鼠标，将其选中。然后单击鼠标右键，在弹出的快捷菜单中选择"插入空白关键帧"命令或者按〈F7〉键。

4. 复制、粘贴、剪切、清除帧

选中要复制的帧，然后单击鼠标右键，在弹出的快捷菜单中选择"复制帧"命令。再选中要进行粘贴的帧，单击鼠标右键，在弹出的快捷菜单中选择"粘贴帧"命令。

如果要剪切某个帧，只要选中某个帧，然后单击鼠标右键，在弹出的快捷菜单中选择"剪切帧"命令即可。如果要清除某个帧，只要选中这个帧，然后单击鼠标右键，在弹出的快捷菜单中选择"清除帧"命令即可。

5.4 绘图纸工具

通常情况下，Flash 在舞台中一次只能显示动画序列的单个帧。使用绘画纸功能后，可以在舞台中一次查看两个或多个帧了，使制作者在编辑区中看到多个帧的画面，如图 5-6 所示。

从左至右依次为：

1）帧居中按钮，用来定位当前帧的位置，单击后，当前帧就会被定位于时间线的正中间。

2）绘图纸外观按钮，在时间轴上设置一个连续的显示帧区域，区域内的所有帧所包含的内容同时显示在编辑区中。

3）绘图纸边框按钮，在时间轴上设置一个连续的显示帧区域，除当前帧外，其余显示帧中的内容仅显示图形外边框。

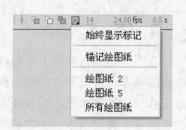

图 5-6　绘图纸工具

4）编辑多帧按钮，在时间轴上设置一个连续的显示帧区域，区域内帧的内容可以同时显示和编辑。

5）修改标记按钮![icon]，用于决定绘图纸的显示方式。它们的作用分别如下：

- 始终显示标记，在未按下绘图纸外观按钮![icon]时，依然在时间轴上显示绘图纸标记。
- 锚记绘图纸，使绘图纸标记不跟随时间轴一起移动而是固定在原先的位置上。
- 绘图纸2，每次同时显示前后2帧。
- 绘图纸5，每次同时显示前后5帧，这种为默认方式。
- 绘图全部，同时显示所有帧。

注意： 被锁定的图层使用绘图纸工具将看不出效果。绘图纸工具主要应用于逐帧动画当中，方便制作者通观全部帧进行修改。

5.5 逐帧动画的制作

5.5.1 逐帧动画的概念

在时间帧上逐帧绘制帧内容称为逐帧动画，由于是一帧一帧地画，所以逐帧动画具有非常大的灵活性，因为它与电影播放模式相似，很适合于表演很细腻的动画，如3D效果、面部表情或人物、动物走路转身等效果，几乎可以表现任何想表现的内容。由于逐帧动画的帧序列内容不一样，不仅增加制作负担而且最终输出的文件量也很大。

5.5.2 创建逐帧动画的几种方法

1. 用导入的静态图片制作逐帧动画

用JPG、PNG等格式的静态图片连续导入到Flash中，就会建立一段逐帧动画。下面通过一个实例来学习使用静态图片制作逐帧动画的方法。举个实例，步骤如下：

1）新建一个Flash文档，在"属性"面板里面设置舞台工作区的宽度为280像素、高度为210像素，背景色为白色，命名为"汽车展示.fla"。

2）执行"插入"→"新建元件"命令，创建名为"car"的影片剪辑元件。

3）执行"文件"→"导入"→"导入到舞台"命令，选择素材文件中"Track_4.1.png"文件，打开后弹出如图5-7所示的提示窗口。

4）单击"是"按钮后，就会看到如图5-8所示的"正在导入图像序列"窗口。

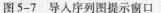

图5-7　导入序列图提示窗口

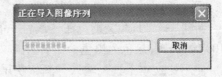

图5-8　"正在导入图像序列"窗口

5）执行"窗口"→"库"命令，打开"库"面板，将影片剪辑"car"元件拖动到场景中去，调整元件的位置X坐标为0，Y坐标为0。

6）执行"文件"→"保存"命令，保存文件，按〈Ctrl + Enter〉组合键，导出并测试影片，最终效果如图5-9所示。

2. 绘制逐帧动画

用鼠标或压感笔在场景中一帧帧的画出帧内容。下面学习一个实例，具体步骤如下：

1）新建一个 Flash 文档，在属性面板里面设置舞台工作区的宽度为 550 像素、高度为 400 像素，背景色为白色，命名为"绘制逐帧动画.fla"。

2）执行"插入"→"新建元件"命令，创建名为"人物 1"的图形元件。使用刷子与油漆桶工具绘制小孩拿锤子的矢量图形，如图 5-10a 所示，创建名为"人物 2"的图形元件，绘制小孩拿锤子向下的矢量图形，如图 5-10b 所示，创建名为"人物 3"的图形元件，绘制小孩拿锤子向下砸蚂蚁的矢量图形，如图 5-10c 所示。

图 5-9　汽车展示动画

　　　a)　　　　　　　　　　b)　　　　　　　　　　c)

图 5-10　绘制人物图像元件

a)"人物 1"图形元件　b)"人物 2"图形元件　c)"人物 3"图形元件

3）在场景中，选中图层 1，按〈F6〉键连续插入 3 个关键帧，执行"窗口"→"库"命令，打开"库"面板，将影片剪辑"人物 1"元件拖动到场景中的第 1 帧，将影片剪辑"人物 2"元件拖动到场景中的第 2 帧，将影片剪辑"人物 3"元件拖动到场景中的第 3 帧。

4）执行"文件"→"保存"命令，保存文件，按〈Ctrl + Enter〉组合键，导出并测试影片。

3. 文字逐帧动画

用文字作为逐帧动画中的关键帧，实现文字跳跃、旋转等特效。下面学习一个实例，具体步骤如下：

1）新建一个 Flash 文档，在"属性"面板里面设置舞台工作区的宽度为 500 像素、高度为 100 像素，背景色为黑色，命名为"文字逐帧动画.fla"，帧频为 6 帧/秒。

2）使用"文本工具"输入"新年快乐"文本，字体为黑体，大小为 80 点，如图 5-11 所示。

图 5-11　输入"新年快乐"文本

3）执行"修改"→"分离"命令（快捷键〈Ctrl+B〉）打散文本，如图 5-12 所示。

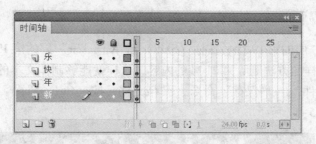

图 5-12 文本分散到图层

4）将鼠标放置在文本上，打开右键快捷菜单，执行"分散到图层"命令，删除图层 1，时间轴如图 5-13 所示。

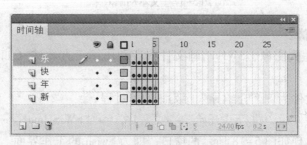

图 5-13 文本分散后的时间轴

5）分别选择"新"、"年"、"快"、"乐"4 个图层，连续按〈F6〉键插入 5 个关键帧，时间轴如图 5-14 所示。

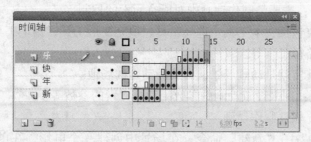

图 5-14 连续插入关键帧后文本图层的时间轴

6）依次将"新"、"年"、"快"、"乐"4 个图层的第 1 帧设置为"红色"，第 2 帧设置为"蓝色"，第 3 帧设置为"绿色"，第 4 帧设置为"白色"，第 5 帧不变（默认黄色）。

7）如果想进一步制作，可以依次将"年"、"快"、"乐"3 个图层的帧分别向后移动 3 帧、6 帧、9 帧，时间轴如图 5-15 所示。

图 5-15 移动后的图层时间轴

8）分别在"新"、"年"、"快"、"乐"4个图层的第18、19、20、21、22帧，按〈F6〉键插入关键帧，时间轴如图5-16所示。

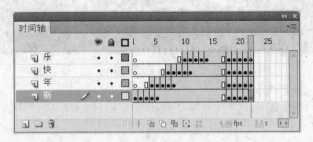

图5-16　创建关键帧后的时间轴

9）选中"新"层的第19帧，按住〈Shift〉键单击"乐"层的第19帧，右键执行"清除帧"命令，用同样的方法删除第21帧的内容，这样就能够制作文本的闪烁效果。

10）执行"文件"→"保存"命令，保存文件，按〈Ctrl + Enter〉组合键，导出并测试影片，效果如图5-17所示。

新年快乐

图5-17　文本动画效果

4. 导入序列图像

可以导入GIF序列图像、SWF动画文件或者利用第三方软件（如Swish、Swift 3D等）产生的动画序列。

下面以Swish软件为例，介绍导入序列图像的过程。

安装了Swish软件后，执行"开始"→"程序"→"SWiSHmax"→"SWiSHmax"命令启动Swish软件，出现如图5-18所示的窗口，即为Swish的工作界面。

- 菜单栏：菜单主要包括文件、编辑、查看、插入、修改、控制、工具、面板、帮助等。
- 常用工具栏：包括新建、打开、复制、粘贴、查找、剪切、删除等常用操作。
- 插入栏：包括插入电影、文本、图像、内容、按钮等。
- 控制栏：主要用来测试动画，包括播放、停止、播放时间线等。
- "轮廓"面板：主要是制作动画中对所有元素的控制。
- 工具栏：主要包括文本工具、选择工具、填充变形工具、铅笔工具、曲线工具、缩放工具、动作路径工具等。
- 电影场景：其实就是动画场景，即编辑动画的场地。
- "属性"面板：用来设置动画的参数，动画元素的参数等。

（1）使用Swish软件制作动画

1）执行"开始"→"新建"命令，在场景中创建一个电影，在电影"属性"面板中输入动画的宽为996像素，高为185像素，具体参数如图5-19所示。

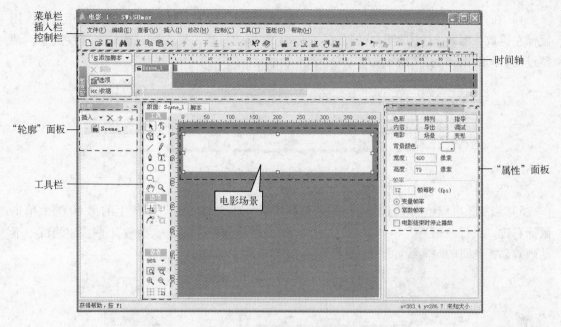

图5-18 Swish软件的工作界面

2）单击工具栏中的 **T** 按钮（执行"插入"→"文本"命令），然后在文本输入区中输入"中国书法家协会会员"文字，调整文字的位置，设置文本的字体为"方正大黑简体"（也可以设置为"黑体"），字体大小为36点，颜色为黑色，为如图5-20所示。

图5-19 "电影"属性的参数设置界面

图5-20 设置插入的"文本"属性

3）在场景中选中"中国书法家协会会员"文字对象，执行"插入"→"效果"→"核心效果"→"变形"命令，然后浏览时间线如图5-21所示。

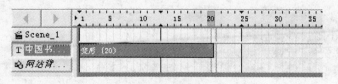

图5-21 对文本添加效果后的时间线

4）在控制栏中单击"播放"按钮▶，测试一下动画效果，发现文字动画变化太快，用鼠标左键放在图 5-21 中的第 20 帧的位置拖至 50 帧的位置，再次测试动画，速度适中，调整过的时间线如图 5-22 所示。

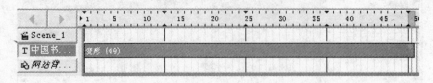

图 5-22　对文本动画速度调慢后的时间轴

5）当然还可以给文本制作淡出的效果，用鼠标在"时间轴"面板上的第 60 帧上单击鼠标右键，执行"渐近"→"淡出"命令，再次在控制栏中单击"播放"▶按钮测试一下动画效果，此时的时间线如图 5-23 所示。

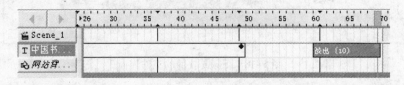

图 5-23　对文本添加"淡出"效果后的时间轴

6）采用同样的方法分别输入"国家高级美术师"和"江苏省淮安书画院专职画师"两组文本，然后进行同样的设置，完成 3 组文字的动画效果。执行"文件"→"导出"→"SWF"命令，即可弹出"导出为 SWF"对话框，选择路径，输入文件名"空背景动画.swf"即可保存，如图 5-24 所示。

中国书法家协会会员

图 5-24　动画的设计效果展示

（2）导入 SWF 动画，制作新的逐帧动画

1）新建一个 Flash 文档，在"属性"面板中设置舞台工作区的宽度为 996 像素、高度为 185 像素，背景色为黑色，命名为"文本序列动画.fla"，帧频为 6 帧/秒。

2）执行"文件"→"导入"→"导入到舞台"命令，选择素材文件中的"背景.jpg"文件，导入背景图片，然后将 x 坐标与 y 坐标都设置为 0，如图 5-25 所示。

图 5-25　导入图片效果

3）新建一个图层2，在图层2中执行"文件"→"导入"→"导入到舞台"命令，选择素材文件中"空背景动画.swf"文件，导入SWF动画文件，如图5-26所示。

图5-26　导入SWF动画后的效果

4）在图层1的215帧处按〈F5〉键插入帧，执行"文件"→"保存"命令，保存文件，按〈Ctrl + Enter〉组合键，导出并测试影片，效果如图5-27所示。

图5-27　最终文本逐帧动画效果

5.6　精彩实例1：波动的信号

通过本例的学习，系统地学习逐帧动画、层、关键帧的使用。

1）新建一个Flash文档，在"属性"面板中设置舞台工作区的宽度为309像素、高度为134像素，背景色为白色，命名为"波动的信号.fla"。

2）执行"文件"→"导入"→"导入到舞台"命令，通过弹出"导入"对话框，给舞台工作区导入背景图片"3G塔.png"，如图5-28所示。

3）在"图层"面板上添加1个新层，命名为"无线电波"图层，使用"椭圆工具"绘制一个圆圈（笔触颜色为蓝色，填充颜色为无），宽和高都为30像素，效果如图5-29所示。

图5-28　背景图片　　　　　　　　　图5-29　添加的无线电波

4）选择"无线电波"图层的第1个关键帧，连续按〈F6〉键插入9个关键帧，时间轴如图5-30所示。然后选择第2帧，按〈Ctrl + T〉组合键打开"变形"面板，放大圆圈到200%，依次将第3帧放大到300%，第4帧放大到400%，直至第10帧放大到1000%，如图5-31所示。

图 5-30　插入关键帧后的时间轴

图 5-31　放大圆圈

5）在"图层"面板上连续添加 4 个新层，选择"无线电波"图层中所有帧，按住〈Alt〉键用鼠标拖动至第 3 层的第 2 帧，依次第 4 层的 3 帧，第 5 层的第 4 帧，第 6 层的第 5 帧，最后在选择层的第 16 帧按〈F5〉键插入帧，时间轴如图 5-32 所示。

6）执行"文件"→"保存"命令，保存文件，按〈Ctrl + Enter〉组合键，导出并测试影片，效果如图 5-33 所示（可根据需要调整帧频改变播放速度）。

图 5-32　添加层后的时间轴

图 5-33　效果展示

5.7　精彩实例 2：人物说话动画制作

本例将通过复杂的逐帧动画来提高制作能力。

1）新建一个 Flash 文档，默认设置，命名为"制作人物说话 . fla"，使用"线条工具"在舞台内绘制出如图 5-34 所示的图案，首先从人物的草帽绘制。

2）接着再次使用"线条工具"绘制出人物的脸部轮廓，如图 5-35 所示。

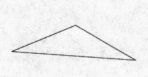

图 5-34　绘制草帽的轮廓

图 5-35　绘制脸部的轮廓

3）使用"选择工具"和"部分选取工具"对线条进行调整，如图 5-36 所示为调整后的效果。

82

4）使用自己喜欢的颜色为人物填充颜色，效果如图 5-37 所示。.

图 5-36　调整人物轮廓　　　　　　图 5-37　人物填充颜色

5）最后完成整个人物的绘制，效果如图 5-38 所示。

6）将舞台内的人物图案全部选中，然后按〈F8〉键，将其转换成影片剪辑元件，命名为"老爷子"，如图 5-39 所示。

图 5-38　人物绘制效果　　　　　　图 5-39　人物转换为影片剪辑元件

7）进入"老爷子"影片剪辑元件的编辑状态，将图层 1 重命名为"人物"，然后选择其时间轴的第 50 帧，按〈F5〉键将时间轴的长度增加到 50，接着新建一个名为"动嘴"的新层，如图 5-40 所示。

图 5-40　改变图层后的时间轴

8）使用"钢笔工具"，在图层"动嘴"的第 1 帧舞台内绘制如图 5-41 所示的线条作为嘴巴。

9）在图层动嘴的第 5 帧插入空白关键帧，并在舞台内绘制如图 5-42 所示的嘴巴图案。

10）接着从第 10 帧开始，每隔 5 帧就插入空白关键帧，以将人物说话的嘴型复制到舞台中，在人物层的第 30 帧制作出人物闭眼的效果，时间轴如图 5-43 所示。

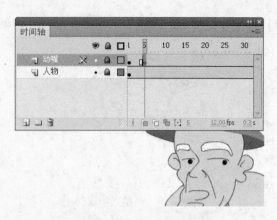

图 5-41 绘制嘴巴   图 5-42 第 5 帧嘴巴绘制

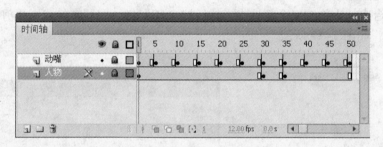

图 5-43 "老爷子"影片剪辑的时间轴

11）执行"文件"→"保存"命令，保存文件，按〈Ctrl + Enter〉组合键，导出并测试影片，效果如图 5-44 所示。

图 5-44 "老爷子"说话动画预览

5.8 小结

本章介绍了 Flash 中的场景、层、帧、绘图纸外观以及逐帧动画的原理与各种制作方法，通过几种制作逐帧动画的方法与技巧的实例，系统地应用了场景、层、帧、绘图纸外观，提高了整体制作动画的能力。

5.9 项目作业

根据场景、层、帧、绘图纸外观来制作"人物转身动画效果"逐帧动画,效果如图 5-45 所示。

图 5-45　人物转身动画效果

第6章 形状补间动画

6.1 形状补间动画基础

6.1.1 初识形状补间动画

形状补间动画是 Flash 中非常重要的表现手法之一，运用它可以变幻出各种奇妙的、不可思议的变形效果。本节从形状补间动画基本概念入手，使读者认识形状补间动画在时间帧上的表现，了解补间动画的创建方法，学会应用"形状提示"让图形的形变自然流畅。

形状补间使用图形对象，在两个关键帧之间可以制作出变形的效果，让一种形状随时间变化为另外一种形状；还可以对形状的位置、大小和颜色等进行改变。

1. 形状补间动画的概念

在一个关键帧中绘制一个形状，然后在另一个关键帧中更改该形状或绘制另一个形状，Flash 根据二者之间帧的值或形状来创建的动画称为"形状补间动画"。因为只创建了两个端点的帧的内容，仅仅需要存储这些内容以及中间过渡变化的值，所以渐变动画可以使文件的尺寸变小。

2. 构成形状补间动画的元素

形状补间动画可以实现两个图形之间颜色、形状、大小、位置的相互变化，使用的元素多为用鼠标或压感笔绘制出的形状，如果使用图形元件、按钮、文字，则必先"打散"分解成普通图形，才能创建变形动画。

3. 形状补间动画在"时间轴"面板上的表现

形状补间动画建好后，"时间轴"面板的背景色变为淡绿色，在起始帧和结束帧之间有一个长长的箭头，如图 6-1 所示。

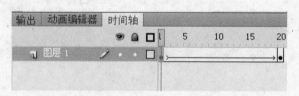

图 6-1　形状补间动画在时间帧面板上的标记

4. 创建形状补间动画的方法

在"时间轴"面板上动画开始播放的地方，创建或选择一个关键帧并设置要开始变形的形状，一般一帧中以一个对象为好，在动画结束处创建或选择一个关键帧并设置要变成的形状，再使用鼠标右键单击时间轴中起始帧与结束帧之间的任意一帧，在弹出的菜单中选择"创建补间形状"命令即可实现补间动画，时间轴上的变化如图 6-1 所示。另外一种方法是，单击起始帧与结束帧中间的任意一帧，执行菜单"插入"→"补间形状"命令亦可创建形状补间动画。

Flash 可以对放置在一个图层上的多个形状进行形变,但通常一个图层上只放一个形状会产生较好的效果。最简单的变形动画就是让一种形状变化成另外一种形状,下面以脸部表情的变化为例了解变形动画的制作方法。

1)在 Flash 中新建一文档。单击工具箱中的"椭圆工具" ○,并设置工具箱下端的"笔触颜色"为黑色■,"填充颜色"为无□。在"椭圆工具"的"属性"面板中设置笔触大小为 3。

2)按住〈Shift〉键在舞台中心绘制一圆形。使用直线工具绘制 3 条短线,模仿眼睛和嘴巴,如图 6-2 所示。

3)使用"选择工具" ,单击脸部的眼睛及嘴巴,当鼠标变成 时拖动线条使之弯曲,最终变成一个哭脸的形状,效果如图 6-3 所示。

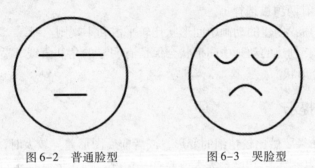

图 6-2　普通脸型　　　　　　　　图 6-3　哭脸型

4)单击时间轴的第 20 帧处,按〈F6〉键插入关键帧。

5)继续使用"选择工具"调整眼睛及嘴巴的线条形状,使之变成笑脸的形状,如图 6-4 所示。

6)单击时间轴中第 1 帧与第 20 帧之间的任意一帧,使用鼠标右键的"创建补间形状"命令创建补间动画,按〈Ctrl + Enter〉组合键可观看到由哭到笑的形状渐变过程,如图 6-5 所示。

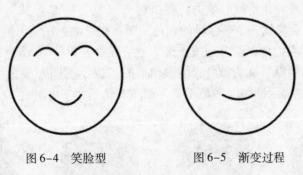

图 6-4　笑脸型　　　　　　　　图 6-5　渐变过程

6.1.2　认识形状补间动画的"属性"面板

Flash 的"属性"面板随鼠标选定的对象不同而发生相应的变化。当建立了一个形状补间动画后,单击时间帧,"属性"面板如图 6-6 所示。

形状补间动画的"属性"面板上只有两个参数。

1. "缓动"选项

在"属性"面板中有一个"缓动"选项缓动:0，单击后左右拉动数字 0 或填入具体的数值，形状补间动画会随之发生相应的变化。

在 -100 ~ -1 的负值之间，动画运动的速度从慢到快，朝运动结束的方向加速度补间。

在 1 ~ 100 的正值之间，动画运动的速度从快到慢，朝运动结束的方向减慢补间。

默认情况下的值为 0，表示补间帧之间的变化速率是不变的。

图 6-6　形状补间动画"属性"面板

2. "混合"选项

"混合"选项中有两项供选择。

- "分布式"选项：创建的动画中间形状比较平滑和不规则。
- "角形"选项：创建的动画中间形状会保留有明显的角和直线，适合于具有锐化转角和直线的混合形状。

6.1.3　使用形状提示

形状补间动画如果要做比较精细的变形，或者前后图形差异较大时，变形结果会显得乱七八糟，这时，"形状提示"功能会大大改善这一情况。利用形状提示可以控制更为复杂和不规则形状的变化，变形提示可以帮助建立原形状与新形状各个部分之间的对应关系。

1. 形状提示的作用

在"起始形状"和"结束形状"中添加相对应的"参考点"，要使这些点在起始帧和结束帧中一一对应，Flash 就会根据这些点的对应关系来计算变形过程，从而较有效地控制变形。

2. 添加形状提示的方法

先在形状补间动画的开始帧上单击，再执行"修改"→"形状"→"添加形状提示"命令，该帧的形状就会增加一个带字母的红色圆圈，相应地，在结束帧形状中也会出现一个"提示圆圈"，用鼠标左键单击并分别按住这 2 个"提示圆圈"，在适当位置安放，安放成功后开始帧上的"提示圆圈"变为黄色，结束帧上的"提示圆圈"变为绿色，安放不成功或不在一条曲线上时，"提示圆圈"颜色不变，如图 6-7 所示。

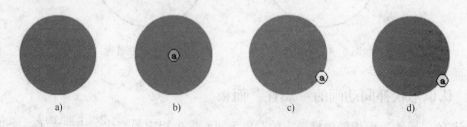

图 6-7　添加形状提示后各帧的变化

a）未添加形状提示　b）添加提示未调整　c）调整位置后开始帧颜色　d）调整位置后结束帧颜色

3. 添加形状提示的技巧

1）形状提示包含从 a～z 的字母，用于识别起始形状和结束形状中相对应的点。"形状提示"可以连续添加，最多能添加 26 个。

2）按逆时针顺序从形状的左上角开始放置形状提示，它们的工作效果最好。

3）确保形状提示是符合逻辑的。例如，前后关键帧中有 2 个三角形，使用 3 个"形状提示"，那么 2 个三角形中的"形状提示"顺序必须是一致的，而不能第 1 个形状是 abc，在第 2 个形状是 acb。

4）形状提示要在形状的边缘才能起作用，在调整形状提示位置前，要单击工具箱下面的"紧贴至对象"按钮，这样，会自动把"形状提示"吸附到边缘上，如果发觉"形状提示"仍然无效，则可以用工具栏上的"缩放工具"单击形状，放大图像，以确保"形状提示"位于图形边缘上。

5）另外，要删除所有的形状提示，选择"修改"→"形状"→"删除所有提示"命令，或者用鼠标右键单击提示点，在弹出的菜单中选择"删除所有提示"命令。删除单个形状提示，单击鼠标右键，在弹出菜单中选择"删除提示"命令。

6.1.4　创建形状提示补间动画

补间形状最适合于简单形状，避免使用有一部分被挖空的形状。如果要使用的形状已能确定相应的结果，可以使用形状提示来告诉 Flash 起始形状上的哪些点应与结束形状上的特定点对应。

下面通过制作"三维字母"动画介绍创建形状提示补间动画的方法，具体操作步骤如下：

1）在 Flash 中打开素材文件"形状提示补间素材.fla"，将"图层 1"重命名为"背景"，选择"背景"图层中的第 1 帧，将"库"面板中的"背景"素材图片拖入舞台中。

2）按〈Ctrl + K〉组合键调出"对齐"面板，勾选面板下方的"与舞台对齐"复选框，如图 6-8 所示。单击"垂直对齐"按钮和"水平对齐"按钮使背景图片居于舞台中央，如图 6-9 所示。

3）新建一图层，命名为"字母"。将"库"面板中"三维字母"元件拖入到舞台中，按〈Ctrl + G〉组合键将其打散，如图 6-10 所示。

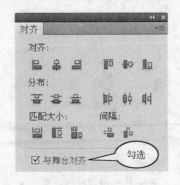

图 6-8　"对齐"面板

图 6-9　背景效果

4）按〈F6〉键在"背景"和"字母"图层的第30帧处插入关键帧。单击第30帧处的图形，执行"修改"→"变形"→"水平翻转"命令，将图形翻转，如图6-11所示。

图6-10　拖入字母效果

图6-11　水平翻转效果

5）在"字母"图层的第1帧与第30帧之间，使用鼠标右键创建补间形状动画。

6）选择"字母"图层的第1帧所对应的图形，选择"修改"→"形状"→"添加形状提示"命令，为字母添加形状提示。连续执行该命令，为图形添加4个提示点，如图6-12所示。可以按〈Ctrl + Shift + H〉组合键连续添加。

7）将字母a移至字母的左上角，字母b放置在字母的右上角，字母c放置在右下角，字母d放置在左下角，如图6-13所示。

图6-12　添加形状提示

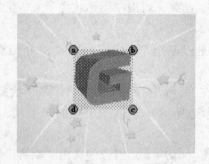

图6-13　调整后的提示点

8）选择"字母"图层的第30帧，将形状提示点按照第1帧的顺序依次放置在字母的角点上，如图6-14所示。

9）执行"另存为"命令另存文档，按〈Ctrl + Enter〉组合键可预览制作好的形状提示补间动画，如图6-15所示。

图6-14　第30帧处提示点

图6-15　预览动画效果

说明：

1）如果提示点较多，可以用鼠标拖动把它拖到舞台外边。

2）如果提示点显示不出来，只需要按〈Ctrl + Alt + H〉组合键即可显示。

6.2 精彩实例1：公益广告制作

本案通过形状补间动画来改变图形形状、位置、颜色、透明度等方面，实现公益广告的制作，具体操作步骤如下：

1）新建一 Flash 文档，文档属性为默认。将"图层1"重命名为"大地"。

2）使用"椭圆工具" ⊙，在"大地"图层的第1帧绘制一绿色圆形，设置"填充颜色"为#33CC00，"笔触颜色"为无□，放置在舞台的下方边缘居中的位置，如图6-16所示。

3）在第20帧处插入关键帧，继续使用"椭圆工具"在舞台的底部绘制一椭圆，填充为线性渐变颜色，颜色值为#90E300 至#3D8851，"颜色"面板如图6-17所示，填充的图形如图6-18所示。

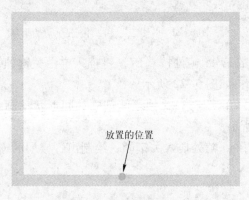

图6-16 绿色圆形放置的位置

图6-17 "颜色"面板设置

4）在第1帧与第20帧之间，使用鼠标右键选择"创建补间形状"命令建立形状补间动画。并在第200帧处，按〈F5〉键建立普通帧。

注意： 在绘制图形时不要选中工具箱下方的"对象绘制"按钮○，下面的步骤亦是如此。

5）新建一图层，命名为"楼一"，拖放到"大地"图层的下方。在第20帧处插入关键帧，使用"矩形工具" □绘制一粉红色矩形，颜色值为#FF9999，放置在"大地"效果的后面，如图6-19所示。

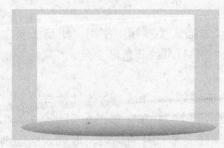

图6-18 绘制的形状

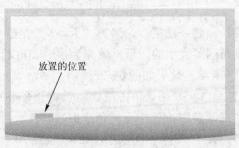

图6-19 "楼一"初始形状

6）在"楼一"图层的第45帧处插入空白关键帧，继续使用"矩形工具"绘制一粉红色矩形，设置"笔触颜色"为无。按住〈Ctrl〉键调整右上角的顶点，将其顶点向下移动，如图6-20所示。

7）在第20帧与第45帧之间使用鼠标右键创立形状补间动画，并按〈F7〉键在第200帧处插入普通帧。

8）继续创建两个图层分别命名为"楼二"和"楼三"，放置在"大地"图层的下方。分别在第20帧处插入关键帧，使用步骤5的方式绘制两个图形，效果如图6-21所示。

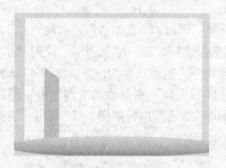
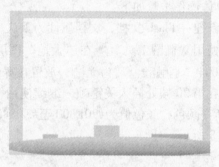

图6-20　修改后的形状　　　　图6-21　"楼二"和"楼三"初始形状

9）分别在"楼二"和"楼三"图层的第45帧处按〈F7〉键插入空白关键帧，在这两个图层上使用"矩形工具"绘制两个图形，如图6-22所示。

10）在"楼二"和"楼三"图层的第20帧与第45帧之间创立补间形状动画，形成高楼建立的一个过程，中间过程如图6-23所示。

11）新建一图层命名为"窗户"，在第45帧处插入关键帧，绘制出各楼层的窗户效果，如图6-24所示。

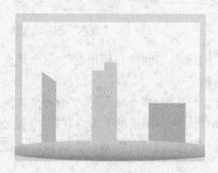

图6-22　"楼二"和"楼三"形状　　　　图6-23　渐变过程

12）新建一图层，命名为"天空"，在第45帧处插入关键帧，使用"矩形工具"绘制一与画布同等大小的图形，填充为由#D5FCF5至#1884FA的蓝色渐变色，"颜色"面板如图6-25所示，效果如图6-26所示。

13）在第70帧处单击鼠标右键将该帧转化为关键帧。单击第45帧处舞台中的背景图形，在"颜色"面板中设置色块中的颜色滑块的透明度均为0%，如图6-27所示。

14）在"天空"图层的第45帧与第70帧之间建立形状补间动画，形成天空逐渐显示的效果。

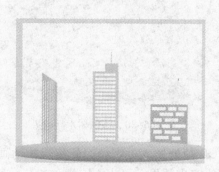

图 6-24　窗户效果

图 6-25　"颜色"面板 1

图 6-26　天空效果

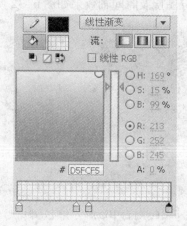

图 6-27　"颜色"面板 2

15）新建一图层命名为"云彩"，放置在最顶层，在第 65 帧处插入关键帧，使用"钢笔工具"绘制一云彩图案，并填充为由白色（FFFFFF）到浅蓝色（C5EDFF）的渐变色，放置在舞台的右上角外侧，如图 6-28 所示。

图 6-28　云彩效果

16）在第 90 帧处插入关键帧，将云彩图案移至舞台的右上角，如图 6-29 所示。并在第 65 帧与第 90 帧之间建立形状补间动画。

17）新建一图层命名为"树木"，放置在最上层。在第 65 帧处插入关键帧，按〈Ctrl + L〉组合键打开"库"面板，将"树木"图形元件拖入到舞台中，按〈Ctrl + B〉组合键将其打散。在第 90 帧处插入关键帧。使用"任意变形工具"将第 65 帧中的树木图形压扁成一条线，在第 65 帧与第 90 帧之间建立形状补间动画，形成树木由小变大的过程。使用同样的方式创建一图层命名为"花草"，将花草图形放置在同一帧处，最终如图 6-30 所示。

图6-29　舞台中添加云彩后效果

图6-30　添加树木后效果

18）新建一图层，命名为"口号"，在第90帧处插入关键帧。使用逐帧动画的方式，显示出"齐心协力，共建家园"的文字效果，为突出效果，可为文字添加滤镜，如图6-31所示，部分图层及时间轴效果如图6-32所示。

图6-31　舞台中添加文字后效果

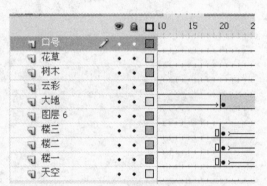

图6-32　图层及时间轴部分效果

6.3　精彩实例2：手机展示效果制作

本案例主要应用形状补间动画绘制出手机轮廓，展现出动感效果。在案例中可以使用形状补间绘制直线效果，对于曲线采用的是逐帧动画的方式实现的，效果如图6-33所示。

本案例制作步骤如下：

1）新建一Flash文档，将"图层1"重命名为"背景"。使用"矩形工具"□绘制一与舞台等大小的矩形，填充为从#CCCCCC到#999999的渐变色。

2）首先通过线条的逐渐显示动画将手机的外形轮廓显示出来。新建一图层，在图层的第1帧中绘制一小线段。在第10帧中插入关键帧，使用"任意变形工具"▦将线条拉长，并调整线条的位置，使之与第1帧中的线段顶端对齐并重叠。

3）在第1帧与第10帧之间建立形状补间动画，实现手机左侧轮廓绘制的效果。隐藏背景图层，效果如图6-34

图6-33　手机展示效果图

所示。

4）手机拐角的绘制。由于手机拐角是圆形曲线，如果使用形状补间动画，则没有绘制的效果，而是形状渐变的效果，因此拐角的绘制采用逐帧动画的方式实现（如果拐角曲线较短，亦可以使用形状补间动画实现）。新建一图层，在第 10 帧至 12 帧处插入关键帧，在每一帧上绘制曲线段实现拐角的动画。

5）接下来绘制手机底部的线条。新建一图层，在第 12 帧处插入关键帧，绘制一小线段，在第 17 帧处插入关键帧，使用"任意变形工具"将线条拉长，并调整其位置，使两条线段的左端对齐并重合，如图 6-35 所示。

 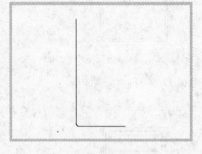

图 6-34　手机左侧线条　　　　　　　图 6-35　手机底部线条

6）在第 12 帧与第 17 帧之间建立形状补间动画，实现底部线条的绘制效果。

说明：为使手机外观线条一直显示，需要在每一图层的第 120 帧处插入普通帧。

7）采用第 2~6 步的方式将手机的外轮廓绘制出来。在绘制的过程中为使轮廓是连续出现的，要保证每一部分线条出现的时间与其他图层保持衔接，如图 6-36 所示。

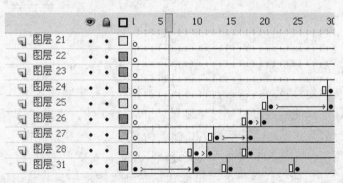

图 6-36　"图层"面板及部分时间轴效果

8）继续采用第 2）~6）步的方式将手机的内轮廓也绘制出来，如图 6-37 所示。

9）接下来绘制手机表面的形状，为表现出节奏感及动感，可以从左右两个方向同时绘制，这种方式是在两个图层中同时创建形状补间动画的方法实现的，如图 6-38 所示。

10）继续采用第 2）~9）步的方式将手机表面的其他线条绘制出来，至此手机的外观更加清晰，如图 6-39 所示。

11）接下来绘制手机按键，在所有图层的上方新建一图层，参照下一图层的最后一个关键帧的位置为本图层插入关键帧。单击"多角星形工具" ○，设置"填充颜色"为绿色，按住〈Shift〉键绘制一三角形手机按键。使用"铅笔工具" ✐ 绘制按键旁边的线条，经过多次复制及调整，绘制出手机的所有按键。继续新建一图层，在本图层中使用"文本工具"T 将手机的品牌写上，最终效果如图 6-40 所示。

图 6-37　手机内外侧轮廓

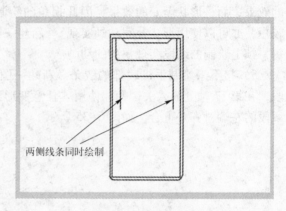

两侧线条同时绘制

图 6-38　手机表面形状

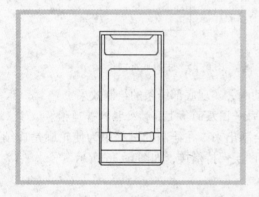

图 6-39　手机外观轮廓

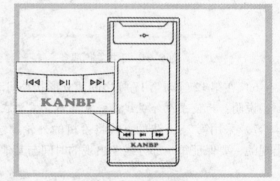

KANBP

图 6-40　手机轮廓最终效果

说明： 至此轮廓动画的效果不应超过 120 帧，如果超过 120 帧，应该为每一图层在对应最后一帧的位置添加普通帧，以使线条轮廓在动画播放过程中始终显示。

12）如果整体动画的帧数没有超过 120 帧，单击 120 帧，使用"选择工具" ▶ 将舞台中的手机图像进行框选并复制。若超过 120 帧，请在最后一帧执行此操作。

13）新建一图层，在第 121 帧处插入关键帧。用鼠标右键单击舞台，在弹出的菜单中选择"粘贴到当前位置"命令，将整个手机形状粘贴到本图层中，并且形成了一个整体的图像，如图 6-41 所示。

14）在第 124 帧处插入关键帧，将手机上边耳机处填充为黑色到灰色的渐变效果。

15）新建一图层，在第 125 帧与第 130 帧之间建立手机外表的灰色渐变填充图形，并且在第 125 到第 130 帧之间建立一个由透明到不透明的形状补间动画。手机外表的填充图形可在第 13 步中先进行填充，然后再复制到本图层中，效果如图 6-42 所示。

16）继续采用第 15 步中的方法对手机其他部分进行填充，并设置形状补间动画。

17）新建一图层，任意选择一幅素材图片将其导入到舞台中，按〈Ctrl + B〉组合键将其打散，并使用手机屏幕的轮廓将其选择出来，放置在手机屏幕的位置。可以以一定的动画效果出现，如渐显效果等。继续新建图层写入一些手机显示的信息，如日期、时间等，效果如图 6-43 所示。

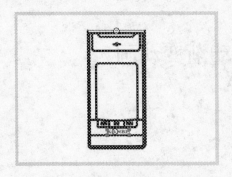
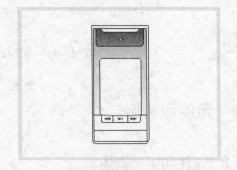

图 6-41　新图层中选中状态的手机图形　　　　图 6-42　手机轮廓填充渐变色效果

18）至此手机展示效果制作完毕，将背景图层显示出来，按下〈Ctrl + Enter〉组合键即可看到手机线条动画效果，如图 6-44 所示。

图 6-43　填充屏幕图片效果　　　　图 6-44　手机动画最终效果

6.4　小结

本章介绍了 Flash 中的形状补间动画的制作方法，并介绍了动画的制作要点及提示点的使用方法。在实际应用中需要结合其他动画方式的使用才能制作出精彩的动画效果。

6.5　项目作业

利用形状补间动画完成贺卡的制作，参照素材"贺卡 . swf"文件，如图 6-45 所示。

图 6-45　贺卡效果

第7章 运动渐变动画

7.1 元件和实例

7.1.1 元件和实例概述

运动渐变动画可以用于实现元素从一个位置移动到另一个位置的动画制作，以及元素的颜色、透明度的改变。运动渐变动画也是 Flash 中非常重要的表现手段之一，与"形状补间"不同的是，运动渐变动画的对象必须是"元件"或"成组对象"。

元件是一个可以重复使用的图像、动画或按钮。实例是将元件从库中拖到舞台上使用就叫实例。一个演员从"休息室"走上"舞台"就是"演出"，同理，"元件"从"库"面板中进入"舞台"就被称为该"元件"的"实例"。一个元件可以多次在舞台上成为多个不同的实例（即副本演员），它们的"副本演员"在舞台上可以穿上不同服装，扮演不同角色，这是 Flash 的一个极其优秀的特性。元件保存在"库"面板中，当将一个元件拖入到舞台中时，可以对该元件的实例更改颜色、形状、透明度等属性，同时可以为每个实例在"属性"面板中设置实例名称，但在"库"面板中的元件的各属性并不做修改，如图 7-1 所示。

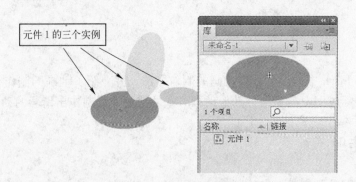

图 7-1　元件与实例展示

使用元件有诸多的优点，如大大提高开发的效率、降低动画的复杂度等。具体如下：

1）可以简化影片，在影片制作的过程中，把要多次使用的元素做成元件，当修改了元件后，使用它的所有实例都会随之更新，而不必逐一修改，大大节省了设计时间。

2）由于所有实例在文件中仅仅保存一个完整的描述，而其余实例只需保存一个参考指针，因此大大减少文件尺寸。

3）在使用元件时，由于一个实例在浏览中仅需下载一次，这样可以加快影片的播放速度。

7.1.2　元件的类型

Flash 中的元件有 3 种类型，它们分别是图形元件、按钮元件、影片剪辑元件。创建元件的方式主要有以下两种。

1）选择"插入"菜单下的"新建元件…"命令，可以创建元件，如图 7-2 所示，快捷键为〈Ctrl + F8〉。

2）使用鼠标右键单击舞台中的图形或者其他元素，在弹出的菜单中选择"转换为元件…"命令，即可将图形或者其他元素转换为元件，如图 7-3 所示，快捷键为〈F8〉。

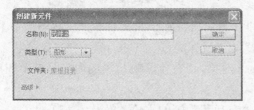

图 7-2　"创建新元件"对话框　　　　　图 7-3　"转换为元件"对话框

在创建元件或者转换元件时在类型中可以看见 3 种类型的元件：

- 图形元件是一种最简单的 Flash 元件，一般用于制作动态图形、不具备交互性的动画以及与时间线紧密关联的影片。交互性控制和声音不能在图形符号中使用。
- 按钮元件可以在影片中创建交互按钮，响应鼠标事件，如单击、双击或拖动鼠标等操作。
- 影片剪辑元件用来制作独立于主时间线的动画。影片剪辑元件就像是主电影中的小电影片段，它可以包括交互性控制、声音甚至其他影片剪辑的实例。也可以把影片剪辑的实例放在按钮的时间线中，从而实现动态按钮。有时为了实现交互性，单独的图像也要制作影片剪辑符号。

7.1.3　元件的创建

1. 创建图形元件（Graphic）

能创建图形元件的元素可以是导入的位图图像、矢量图形、文本对象以及用 Flash 工具创建的线条、色块等，在"库"面板中的图标为 。

按〈Ctrl + F8〉组合键创建一个空白的新元件（也可以选择舞台中相关元素，按〈F8〉键，将相关元素转化为元件），弹出如图 7-4 所示对话框。在弹出对话框的"名称"处写上元件的名称，"类型"处选择"图形"，单击"确定"按钮即可创建图形元件，在元件中可以放置图形或其他元素。这时，在库中生成相应元件。如果将该元件拖入舞台中，元素变成了"元件的一个实例"。

图形元件中可包含图形元素或者其他图形元件，它接受 Flash 中大部分变化操作，如大小、位置、方向、颜色设置以及"动作变形"等。

2. 创建"按钮元件"（Bulton）

按钮元件同样可以新建和转换。能创建按钮元件的元素可以是导入的位图图像、矢量图形、文本对象以及用 Flash 工具创建的任何图形，选择要转换为按钮元件的对象，按〈F8〉

键，弹出"创建新元件"对话框，如图 7-5 所示，在"类型"中选择"按钮"，单击"确定"按钮，即可完成按钮元件的创建。按钮在"库"面板中的图标为 。

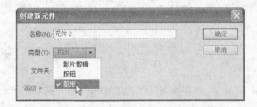

图 7-4　创建图形元件

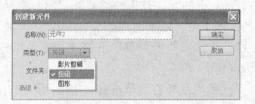

图 7-5　创建按钮元件

按钮元件除了拥有图形元件的全部变形功能，其特殊性在于它具有 3 个"状态帧"和 1 个"有效区帧"：3 个"状态帧"分别是"一般"、"鼠标经过"、"按下"，在这 3 个状态帧中，可以放置除了按钮元件本身以外的所有 Flash 对象，"有效区帧"中的内容是一个图形，该图形决定着当鼠标指向按钮时的有效范围。

按钮可以对用户的操作做出反应，所以是"交互"动画的主角。

从外观上，按钮可以是任何形式，例如，可能是一幅位图，也可以是矢量图；可以是矩形，也可以是多边形；可以是一根线条，也可以是一个线框；甚至还可以是看不见的"透明按钮"。

按钮有特殊的编辑环境，通过在 4 个不同状态的帧时间轴上创建关键帧，可以指定不同的按钮状态，如图 7-6 所示。

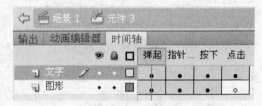

图 7-6　按钮的 4 种状态

- "弹起"帧：表示鼠标指针不在按钮上时的状态。
- "指针经过"帧：表示鼠标指针在按钮上时的状态。
- "按下"帧：表示鼠标单击按钮时的状态。
- "点击"帧：定义对鼠标做出反应的区域，这个反应区域在影片播放时是看不到的。

"点击"帧比较特殊，这个关键帧中的图形将决定按钮的有效范围。在这一帧可以绘制一个图形，这个图形应该大到足够包容前 3 个帧的内容。这一帧图形的形状、颜色等属性都是不可见的，只有它的大小范围起作用。

有时按钮"一闪闪的"，很难单击它，这一般发生在文字类按钮，如果没在"按钮有效区"关键帧设置一个适当图形，那么，这个按钮的有效区仅是第 1 帧的对象，文字的线条较细且分散，将很难找到"有效区"。

根据实际需要，还可以把按钮的帧做成可以放置除按钮本身以外的任何 Flash 对象。例如通过设置音效、调用图片和影片，从而出现不同的动画效果。利用这个特点，可以实现有声有色、变化无限的按钮效果。

另外，拖入舞台中的按钮还可以在"属性"面板中设置"实例名"，从而使按钮成为能被 ActionScript 控制的对象。

3. 创建影片剪辑元件（Movie Clip）

影片剪辑元件就是平时常听说的"MC"（Movie Clip），在"库"面板中的图标为 图。

可以把"舞台"上任何看得到的对象，甚至整个"时间轴"内容创建为一个"MC"；而且，还可把这个"MC"放置到另一个"MC"中；还可以把一段动画（如逐帧动画）转换成影片剪辑元件。

如果要把已经做好的一段动画转换为影片剪辑元件，则不能选中舞台上的对象直接按〈F8〉键，而是要首先按〈Ctrl + F8〉组合键创建一个新元件，然后把舞台上的动画所有图层剪切再粘贴到新的影片元件中。

7.1.4 元件的编辑与使用

元件可以嵌套使用，即一个影片剪辑中可以包含按钮元件、图形元件、影片剪辑元件；按钮元件中可以包含影片剪辑元件和图形元件。接下来通过一个制作叶子按钮的例子展示元件的综合使用，其中按钮中包含影片剪辑和图形元件。具体操作步骤如下。

1. 叶子图形元件的制作

1）在 Flash 中新建一个文档，设置文档属性中的"背景颜色"为深蓝色（000099）。

2）执行"插入"→"新建元件"，在弹出的对话框中，设置"类型"为"图形"，名称为"叶子"，单击"确定"按钮，创建一图形元件。

3）在图形元件中，使用"钢笔工具" 🖋，在"属性"面板中设置"笔触大小"为"1"，绘制一叶子形状，如图 7-7 所示。

4）单击"油漆桶工具" 🪣，设置工具箱下端的"填充颜色"为绿色（#00CC00），对叶子里面进行填充，如图 7-8 所示。

图 7-7　叶子形状　　　　　　　　图 7-8　填充后效果

5）至此叶子图形元件已制作完毕，按〈Ctrl + L〉组合键打开"库"面板，可以发现叶子元件已存在库中，如图 7-9 所示。单击舞台左上角的"场景 1"按钮 🎬 场景 1 可以回到场景中，双击库中的"叶子"图形元件可重新进入到"叶子"图形元件的编辑页面。

2. 光晕影片剪辑元件的制作

1）执行"插入"→"新建元件"命令，在弹出的对话框中设置"名称"为"光晕"，"选项"为"影片剪辑"，单击"确定"按钮创建一光晕扩散效果的影片剪辑。

2）单击"椭圆工具" ⬭，设置"填充颜色"为白色，"笔触颜色"为无 ☐，在影片剪辑舞台的中心按住〈Shift〉键绘制一圆形。为使图形的中心与舞台的中心对齐，可使用〈Ctrl + K〉组合键将"对齐"面板调出，选择"与舞台对齐"的方式进行调整。

3）在第 20 帧处插入关键帧，使用"任意变形工具" ▦ 按住〈Shift〉键使图层等比例放大，并且继续使用"对齐"面板调整其中心与舞台中心对齐，如图 7-10 所示。

图 7-9 "库"面板

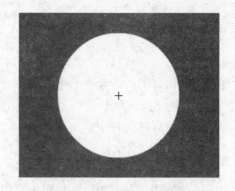

图 7-10 第 20 帧处的圆形

4）为实现光晕扩散后消失的效果，需要继续调整第 20 帧处图形的透明度，使用"选择工具"单击图形，按下〈Alt + Shift + F9〉组合键调出"颜色"面板，设置 Alpha 值为 0%，如图 7-11 所示。

5）在图层的第 1 帧与第 20 帧之间的任意一帧使用鼠标右键建立补间形状动画，实现光晕扩散效果，如图 7-12 所示。

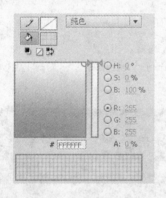

图 7-11 "颜色"面板

图 7-12 光晕过渡效果

6）至此，光晕影片剪辑制作完毕，打开"库"面板可以看见"光晕"影片剪辑存在其中，图标为 光晕 。

3. 叶子按钮的制作

1）执行"插入"→"新建元件"命令，在弹出的对话框中设置"名称"为"叶子按钮"，"选项"为"按钮"，单击"确定"按钮创建一按钮元件，初始时间轴如图 7-13 所示。

图 7-13 按钮元件时间轴

2）将"图层 1"重命名为"叶子"，将"库"面板中的"叶子"图形元件拖入到舞台中。

3）新建一图层，命名为"背景"，将其拖放在"叶子"图层的下方。在"弹起"帧处绘制一圆形填充图形，填充为黄色（FF9900），如图 7-14 所示。

4）新建一图层，命名为"文字"，放置在"叶子"图层的上方，在"弹起"帧处叶子图形的下面写上文字"leaf"，如图 7-15 所示。

图 7-14　添加背景后效果

图 7-15　添加文字后效果

5）分别在 3 个图层的"指针经过"帧上插入关键帧，设置背景图形的颜色为#FF5F00，使用"任意变形工具"将叶子整体变小，将"leaf"文字变大，效果如图 7-16 所示。

6）新增一图层，命名为"光晕"，将其放置在最底层，在"指针经过"帧上插入关键帧，将"库"面板中的"光晕"影片剪辑拖入舞台中，放置在背景图形的下方。使用"任意变形工具"调整其大小与背景图像相一致。图层及时间轴如图 7-17 所示。

图 7-16　"指针经过"帧上图形

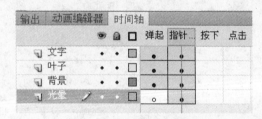

图 7-17　图层及时间轴

7）在"文字"、"叶子"与"背景"图层的"按下"帧处插入关键帧。在"文字"图层设置文字的颜色为紫色。在"叶子"图层，在叶子图形的"属性"面板中将"色彩效果"选择为"色调"，以调整叶子实例的颜色。在"背景"图层将背景图形设置为绿色，最终效果如图 7-18 所示。

8）单击舞台左上角的"场景 1" [图标] 回到场景中，将库中的"叶子按钮"元件拖入到舞台中，使用〈Ctrl + Enter〉组合键预览按钮效果，如图 7-19 所示。

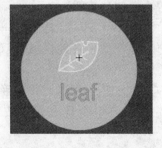

图 7-18　调整"指针经过"帧上图形颜色

图 7-19　鼠标经过时光晕效果

7.1.5　管理元件的"库"面板

"库"面板用来存放元件和导入的文件，其中包括导入的声音、视频、位图以及矢量图等。通过"库"面板可以管理和预览这些内容。

　　执行"窗口"→"库"命令（快捷键〈Ctrl + L〉），可以打开库，如图 7-20 所示。元件存在于库中，把库比喻为后台的"演员休息室"，"休息室"中的演员随时可进入"舞台"演出，无论该演员出场多少次甚至在"舞台"中扮演不同角色，动画发布时，其播放文件仅占有"一名演员"的空间，从而节省了大量资源。删除舞台上的"演员"元件不会影响库中的的元件，但是删除库中的元件舞台上的实例就不存在了。打开库的快捷键为〈F11〉键或者〈Ctrl + L〉组合键，它是个"开关"按钮，重复按下〈F11〉键能在"库"窗口的"打开"、"关闭"状态中快速切换。

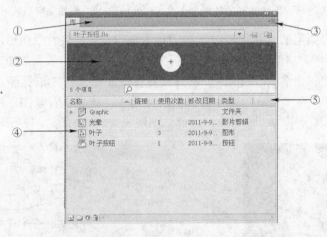

图 7-20　"库"面板展示

　　库可以随意移动，放置在浏览者认为最合适的地方，还可以通过鼠标拖动边缘设置大小模式，"库"面板上还有库菜单，以及元件的项目列表和编辑按钮，在保存 Flash 源文件时，库的内容同时被保存。库中存放着动画作品的所有元件，灵活使用库，合理管理库对动画制作无疑是极其重要的。

　　"库"面板中每一部分的功能如下：

　　1）双击面板中①处可折叠"库"面板，再次双击可打开"库"面板。

　　2）面板中的②处为元件预览窗，元件的内容可在预览窗中进行查看，如果预览的是影片剪辑，在预览窗的右上角会出现"播放"和"停止播放"按钮。

　　3）面板中的③处为"库"面板菜单，单击它可以打开"库"面板的菜单。

　　4）面板中的④处为元件项目列表栏，所有的元件都显示在此区域，双击每一元件名称，可进入元件编辑窗口。

　　5）面板中的⑤处为元件的分类栏，有 5 个项目按钮，它们是"名称"、"类型"、"使用次数"、"链接"、"修改日期"，单击每一项目，可实现对元件按照各标题进行排序。

　　6）在"库"面板的下方，还存在着其他功能按钮。如"新建元件" ，单击它，会弹出"添加新元件"对话框，用来新增元件；"新建文件夹" ，单击它能在"库"中新增文件夹；"属性" ，单击它能打开"元件属性"对话框，在对话框中可改变元件的属性；"删除" ，单击它能删除被选的元件。

使用技巧：作品最终发布后，因为源文件保留着大量的劳动成果，很多情况下，还会取用其中的一些元件，这时，可以通过执行"文件"→"导入"→"打开外部库"命令打开一个对话框，选择目标源文件，单击"确定"按钮后，Flash 就会在舞台中打开一个单独的库，这时可以把需要的元件往当前文档的库中拖放，以后就可使用这些元件了。

7.2 运动渐变动画基础

7.2.1 补间动画与传统补间

在一个关键帧上放置一个元件，然后在另一个关键帧改变这个元件的大小、颜色、位置、透明度等，Flash 根据二者之间帧的值创建的动画被称为动作补间动画。

构成运动补间动画的元素是元件，包括影片剪辑、图形元件、按钮、文字、位图、组合等，但不能是形状，只有把形状"组合"或者转换成"元件"后才可以做运动补间动画。

在 Flash CS5 的版本中出现了"补间动画"和"传统补间"两种方式的运动渐变动画。

新出现的补间动画是在舞台上拖入或者创建一个元件后，不需要在时间轴的其他地方再打关键帧。直接在层上选择补间动画，会发现那一层变成蓝色，如图 7-21 所示。

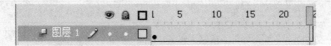

图 7-21　自动创建的"补间动画"时间轴

之后，只需要先在时间轴上选择需要加关键帧的地方，再直接拖动舞台上的元件，就自动形成一个补间动画了。这个补间动画的路径是可以直接显示在舞台上，并且是有调动手柄可以调整的，如图 7-22 所示。

补间动画可以根据补间之间帧的数量确定动画的速度。一般在用到 3D 功能的时候，会用到这种补间动画。做一般 Flash 项目，用传统补间的比较多，因为它更容易把控，而且，传统补间比新补间动画产生的文件要小，放在网页里，更容易加载。

图 7-22　补间动画的路径

传统补间动画的顺序是，先在时间轴上的不同时间点定好关键帧（每个关键帧都必须是同一个元件），之后，在关键帧之间使用鼠标右键，在弹出的菜单中选择"传统补间"命令，则传统补间动画就形成了。传统补间动画建立后，"时间轴"面板的背景色变为淡蓝色，在起始帧和结束帧之间有一个长长的箭头，时间轴如图 7-23 所示。这种动画是最简单的点对点平移，就是一个元件从一个点匀速移动到另外一个点。没有速度变化，没有路径偏移（弧线），一切效果都需要通过后续的其他方式（如引导线、动画曲线）去调整。

在 Flash 中，补间形状只能针对矢量图形进行，

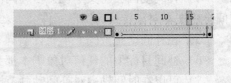

图 7-23　传统补间时间轴

也就是说，进行变形动画的首、尾关键帧上的图形应该都是矢量图形。

矢量图形的特征是：在图形对象被选定时，对象上面会出现白色均匀的小点。利用工具箱中的直线、椭圆、矩形、刷子、铅笔等工具绘制的图形，都是矢量图形。

在 Flash 中，传统补间或补间动画只能针对非矢量图形进行，即进行运动动画的首、尾关键帧上的图形都不能是矢量图形，它们可以是组合图形、文字对象、元件的实例、被转换为元件的外界导入图片等。

非矢量图形的特征是：在图形对象被选定时，对象四周会出现蓝色或灰色的外框。利用工具箱中的"文字工具"建立的文字对象就不是矢量图形；将矢量图形组合起来后，可得到组合图形，将库中的元件拖曳到舞台上，可得到该元件的实例。

7.2.2 传统补间与补间动画以及形状补间的区别

1. 形状补间动画和运动补间动画的区别

形状补间动画和运动补间动画都属于补间动画。前后都各有一个起始帧和结束帧，二者之间的区别如表 7-1 所示。

表 7-1　形状补间动画和运动补间动画的区别

区 别 之 处	动作补间动画	形状补间动画
在时间轴上的表现	淡紫色背景加长箭头	淡绿色背景加长箭头
组成元素	影片剪辑、图形元件、按钮、文字、位图等	形状，如果使用图形元件、按钮、文字，则必先打散再变形
完成的作用	实现一个元件的大小、位置、颜色、透明等的变化	实现两个形状之间的变化，或一个形状的大小、位置、颜色等的变化

2. 补间动画和传统补间的区别

Flash CS5 支持两种不同类型的补间以创建运动渐变动画。补间动画从 Flash CS4 中引入，功能强大且易于创建。通过补间动画可对补间的动画进行最大程度的控制。传统补间（包括在早期版本的 Flash 中创建的所有补间）的创建过程更为复杂。补间动画提供了更多的补间控制，而传统补间提供了一些用户可能希望使用的某些特定功能。

补间动画和传统补间之间的差异包括以下几个方面。

1）传统补间使用关键帧。关键帧是其中显示对象的新实例的帧。补间动画只能具有一个与之关联的对象实例，并使用属性关键帧而不是关键帧。

2）补间动画在整个补间范围上由一个目标对象组成。

3）补间动画和传统补间都只允许对特定类型的对象进行补间。若应用补间动画，则在创建补间时会将所有不允许的对象类型转换为影片剪辑。而应用传统补间会将这些对象类型转换为图形元件。

4）补间动画会将文本视为可补间的类型，而不会将文本对象转换为影片剪辑。传统补间会将文本对象转换为图形元件。

5）在补间动画范围上不允许帧脚本；传统补间允许帧脚本。

6）补间目标上的任何对象脚本都无法在补间动画范围的过程中更改。

7）可以在时间轴中对补间动画范围进行拉伸和调整大小，并将它们视为单个对象。传统补间包括时间轴中可分别选择的帧的组。

8）若要在补间动画范围中选择单个帧，必须按住〈Ctrl〉键单击帧。

9）对于传统补间，缓动可应用于补间内关键帧之间的帧组。对于补间动画，缓动可应用于补间动画范围的整个长度。若要仅对补间动画的特定帧应用缓动，则需要创建自定义缓动曲线。

10）利用传统补间，可以在两种不同的色彩效果（如色调和 Alpha 透明度）之间创建动画，补间动画可以对每个补间应用一种色彩效果。

11）只可以使用补间动画来为 3D 对象创建动画效果。无法使用传统补间为 3D 对象创建动画效果。

12）只有补间动画才能保存为动画预设。

13）对于补间动画，无法交换元件或设置属性关键帧中显示的图形元件的帧数。应用了这些技术的动画要求使用传统补间。

7.2.3 传统补间与补间动画的创建

1. 传统补间的创建

在"时间轴"面板上动画开始播放的地方创建或选择一个关键帧并设置一个元件，一帧中只能放一个项目，在动画要结束的地方创建或选择一个关键帧并设置该元件的大小、位置及属性，在起始帧与结束帧之间的任意一帧用鼠标右键单击，在弹出菜单中选择"创建传统补间"命令即可创建传统补间动画；或者执行"插入"→"传统补间"命令，亦可创建传统补间动画。

若要取消补间，可使用鼠标右键单击时间轴补间中的任意一帧，在弹出的菜单中选择"删除补间"命令。

下面以一个案例来说明补间动画的创建。

1）打开素材文件"传统补间素材 . fla"，设置舞台的宽为 550 像素，高为 300 像素。

2）使用〈Ctrl + L〉组合键调出"库"面板，将库中的"工厂"图形元件拖入到第 1 帧的舞台中。在"工厂"元件的"属性"面板中，设置其宽度为 550 像素。拖动元件，使其上边界与舞台上边界对齐，如图 7-24 所示。

3）在第 40 帧处插入关键帧，移动"工厂"元件，使之下边界与舞台的下边界对齐。

4）在第 1 帧与第 40 帧之间的任意一帧，单击鼠标右键，在弹出的菜单中选择"创建传统补间"命令，以实现图片"移镜头"的效果。按〈Ctrl + Enter〉组合键可预览到图片从下往上移动的效果，如图 7-25 所示。

图 7-24　第 1 帧中图片的放置位置

图 7-25　预览时最后一帧图像

2. 认识传统补间的"属性"面板

在传统补间建立之后，可对动画的过程进行调整。调整方式是单击补间中的任意一帧，在"属性"面板中对"补间"部分进行调整，调整的内容如图7-26所示。

（1）"缓动"选项

单击"缓动"右边的数字左右拖动，可设置参数值。也可以双击数字，直接在文本框中输入具体的数值。设置完后，补间动画效果会以下面的设置做出相应的变化：

图7-26 传统补间的"属性"面板

- 在 –100 ~ –1 的负值之间，动画运动的速度从慢到快，朝运动结束的方向加速补间。
- 在 1 ~ 100 的正值之间，动画运动的速度从快到慢，朝运动结束的方向减慢补间。
- 默认情况下，补间帧之间的变化速率是不变的。

在"缓动"选项右边有一个"编辑缓动"按钮，单击该按钮，可以弹出"自定义缓入/缓出"对话框，如图7-27所示。通过拖动坐标系内的直线，可以制作出更加丰富的变速动画效果。

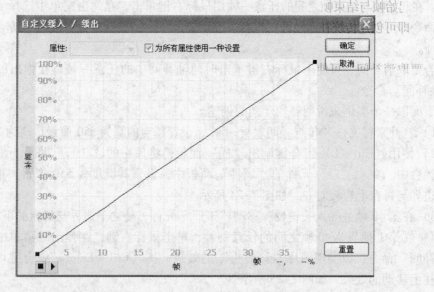

图7-27 "自定义缓入/缓出"对话框

（2）"旋转"选项

"旋转"下拉列表中包括4个选项。选择"无"（默认设置）可禁止元件旋转；选择"自动"可使元件在需要最小动作的方向上旋转对象一次；选择"顺时针"或"逆时针"，并在后面输入数字，可使元件在运动时顺时针或逆时针旋转相应的圈数。

（3）"贴紧"选项

可以根据其注册点将补间对象附加到运动路径，此项功能主要也用于引导路径运动。

（4）"调整到路径"选项

将补间对象的基线调整到运动路径，此项功能主要用于引导路径动画。在定义引导路径动画时，选择该选项，可以使动画对象根据路径调整身姿，使动画更逼真。

（5）"同步"选项

选中该复选框，可以使图形元件实例的动画和主时间轴同步。

（6）"缩放"选项

在制作补间动画时，如果在终点关键帧上更改了动画对象的大小，那么这个"缩放"选项选择与否就影响动画的效果。

如果选择了这个选项，那么就可以将大小变化的动画效果补出来。也就是说，可以看到动画对象从大逐渐变小（或者从小逐渐变大）的效果。

如果没有选择这个选项，那么大小变化的动画效果就补不出来。默认情况下，"缩放"选项自动被选择。

3. 补间动画的创建

补间动画创建方式和传统补间相类似，主要有两种方式，首先在舞台上拖入或者创建一个元件，不需要在时间轴的其他地方再插入关键帧，直接使用鼠标右键单击元件所在帧，在弹出的菜单中选择"创建补间动画"命令即可完成动画的创建，这时的补间默认为25帧，可手动拖动最后一帧的右侧边缘增加帧的数量。

另外一种方式是在起始帧中放入一个元件，在结束的帧处插入普通帧而非关键帧，用鼠标右键单击其中的任意一帧，选择"创建补间动画"命令即可完成补间动画的创建。

当创建为补间动画后，图层的图标变为 ，可以将动画转化为逐帧动画或者另存为动画预设。

下面以篮球落地的效果为例学习补间动画的创建，步骤如下：

1）打开素材文件"补间动画素材.fla"，将"图层1"重命名为"背景"，另外新建一图层命名为"篮球"。

2）使用〈Ctrl+L〉组合键打开"库"面板，将"篮球"图形元件拖入到"篮球"图层的第1帧上，放置在篮筐的下方，如图7-28所示。

3）在"背景"和"篮球"图层的第50帧处分别插入关键帧。使用鼠标右键单击"篮球"图层的第1帧，在弹出的菜单中选择"创建补间动画"命令。此时可以看到时间轴中第1帧与第50帧之间的颜色变成了蓝色，"篮球"图层的图标变成了 ，这代表着该图层为补间动画图层，可以对篮球的运动路径进行设置。

4）单击"篮球"图层的第16帧处，使用"选择工具" 移动篮球的位置，放置在右下方的地面上，这时在第1帧与第16帧篮球位置之间形成了一条路径，上面有一些点，每个点代表着该帧中篮球在舞台中的位置，如图7-29所示。

5）接下来依次按照篮球的落地规律，在相应的帧上调整篮球的位置，最终形成一条完整的路径，隐藏背景图层后效果如图7-30所示。

6）这些路径都是直线段，不符合运动规律，应该为曲线段，即篮球做抛物线运动。接下来使用"选择工具"调整路径的弧度，将"移动工具"放置在路径上，当鼠标变成 时，拖动线条改变其弧度。效果如图7-31所示。

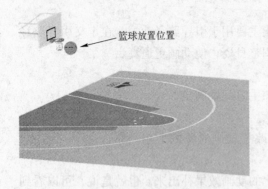

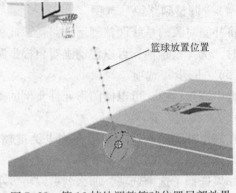

图 7-28　第 1 帧篮球放置效果　　　　　　图 7-29　第 16 帧处调整篮球位置局部效果

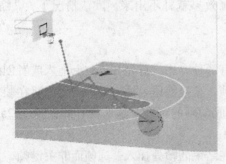

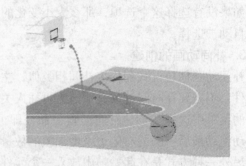

图 7-30　篮球的运动路径　　　　　　　　图 7-31　调整后的运动路径

7）在最后一帧中，使用"任意变形工具" ▩将篮球的大小调大，形成一个篮球由小到大的变化过程，给人以篮球由远及近的滚动感觉。

8）为使篮球出现滚动的效果，单击补间中的任意一帧，调整其"属性"面板，设置"旋转次数"为 6 次，"方向"为顺时针，如图 7-32 所示。

9）使用〈Ctrl + Enter〉组合键可预览动画效果，如图 7-33 所示。

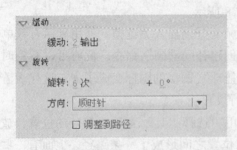

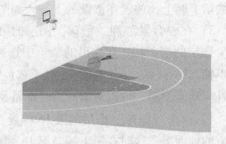

图 7-32　补间属性中的"旋转"选项设置　　　　图 7-33　动画效果

4. 动画预设与动画编辑器

（1）动画预设

Flash 提供了许多动画预设，可以使用它们快速构建复杂的动画，而无需做大量的工作。如果某项目涉及反复创建完全相同的补间动画，Flash 提供了一个名为"动画预设"的新面板，该面板（选择"窗口"→"动画预设"）存储了特定的补间动画，用户可以将其应用于舞台上的不同实例,如图7-34所示。

存为预设动画的方式是用鼠标右键单击已创建补间动画的帧,选择"另存为动画预设"命令,在弹出的对话框中输入"预设名称",单击"确定"即可,如图7-35所示。对于应用传统补间方式创建的动画无法存储为动画预设。

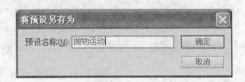

图7-34 "动画预设"面板   图7-35 "将预设另存为"对话框

(2)动画编辑器

"动画编辑器"是一个特殊的面板,其中将补间动画的所有属性直观地显示为图表上的线条。当在不同时间更改多种属性时,"动画编辑器"非常有用。例如,下面显示了用于篮球的"动画编辑器",其中在前几个帧中显示了X位置以及缓动的变化曲线图,在"动画编辑器"中还可以对元件的色彩效果、滤镜等方面进行设置,如图7-36所示。

图7-36 篮球落地的效果的"动画编辑器"

7.3 精彩实例1:网站Banner动画制作

本案例主要应用传统补间,并结合补间"属性"面板的应用来创建Banner动画,具体操作步骤如下。

1)打开素材文件"Banner动画素材.fla",用鼠标右键单击舞台,在弹出菜单中选择"文档属性",设置舞台大小为1000×200像素。

2)将"图层1"重命名为"背景",使用"矩形工具"绘制一与舞台等大小的无边框的图形,填充为白色到蓝色的渐变颜色,如图7-37所示。

图 7-37　绘制的背景效果

3）新建一图层并命名为"草地"，将库中的"草地"图片元件拖入到舞台中，在"属性"面板中设置宽为 1000 像素，将其放置在舞台的下方，如图 7-38 所示。

图 7-38　将草地放入到舞台中

4）新建一图层并命名为"山坡"，将库中"山坡"素材图片拖入到舞台中，在"属性"面板中设置宽为 600 像素，将其放置在舞台的右下角，如图 7-39 所示。

图 7-39　放入"山坡"素材后效果

5）新建一图层并命名为"树"，放置在"草地"图层之上，将库中的"树"、"果树"、"花"及其他图像素材多次移入舞台上，并对其大小、透明度进行调整，如图 7-40 所示。

图 7-40　放入"树木"及其他素材后效果

6）新建一图层并命名为"花"，放置在"山坡"图层之上，将库中的"树"、"果树"、"花"及其他图像素材多次移入舞台上，参照第 6 步进行调整，如图 7-41 所示。

图 7-41　山坡上放置"花草"后效果

7）新建一图层并命名为"小鸟"，放置在"草地"与"山坡"图层之间，将"库"面板中的"小鸟"素材拖入舞台左侧，如图7-42所示。

图7-42 放入"小鸟"素材后效果

8）在所有图层的第300帧处按〈F5〉键插入普通帧。将小鸟图层的第10帧转换为关键帧，将场景中的"小鸟"移至舞台左侧，在第1帧与10帧之间使用鼠标右键建立传统补间。并将第11帧转换为空白关键帧，如图7-43所示。

图7-43 补间动画最后一帧图像

9）新建一影片剪辑命名为"翅膀"，在图层的第1帧中将"翅膀"元件置于舞台中心，并使用"任意变形工具"将其中心移至左侧边缘中心处。在第3帧处插入关键帧，使用"任意变形工具"，将翅膀围绕中心向上旋转，在第1帧与第3帧之间建立传统补间。按照此方法依次插入关键帧，形成翅膀抖动效果，如图7-44所示。

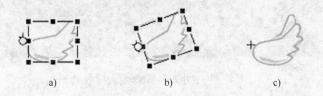

图7-44 翅膀运动图形

a）第1帧中翅膀形状 b）第3帧中翅膀形状 c）使用绘图纸工具效果

10）回到场景中，新建一图层命名为"翅膀"，在第11帧处插入关键帧，将"小鸟2"图形元件放入舞台中，与"小鸟"图层中第10帧"小鸟"位置一致；并将"翅膀"影片剪辑放置在"小鸟2"图像的下面。接下来在第15帧处插入关键帧，第16帧处插入空白关键帧。在这期间形成小鸟抖动翅膀的效果。

说明：如果"翅膀"影片剪辑在"小鸟2"之上，可以使用鼠标右键单击"翅膀"元件，在弹出的菜单中选择"下移一层"命令即可。

11）在"小鸟"图层的第16帧处插入关键帧。单击第10帧中"小鸟"图像按〈Ctrl + C〉组合键进行复制。用鼠标右键单击第16帧的场景空白处，在弹出的菜单中选择"粘贴到当前位置"命令。在第30帧处插入关键帧，将"小鸟"图像移至右侧，并在第16帧与第30帧之间建立传统补间动画，如图7-45所示。

图 7-45　第 30 帧中将"小鸟"图像移至右侧

12）将第 45 帧转换为关键帧，将"小鸟"图像移至第 15 帧中的位置，可继续使用"粘贴到当前位置"命令。在第 30 帧与第 45 帧之间建立传统补间动画。

13）新建一图层并命名为"UC"。在第 30 帧处插入关键帧，将"库"中的"UC 文字"素材元件拖入到舞台小鸟的右侧。在第 45 帧处将帧转换为关键帧，将"UC 文字"素材元件拖动到第 40 帧小鸟的右侧。在第 30 帧与第 45 帧之间建立传统补间动画，如图 7-46 所示。

图 7-46　补间中间的效果

14）在"小鸟"图层的第 50 帧处插入关键帧，将"小鸟"图像变大，并在第 45 帧与第 50 帧之间建立传统补间，如图 7-47 所示。

图 7-47　"小鸟"图像变大后效果

15）执行"插入"→"新建元件"命令，创建一影片剪辑，名称为"标题"。在"图层 1"的第 1 帧中将"标题"元件拖入其中，在"属性"面板中，设置宽为 300 像素，高为 70 像素，在第 5 帧处插入关键帧，设置图像大小为 200×47 像素，并在后面的帧中设置逐帧动画实现闪烁效果。

16）回到场景中，新建一图层并命名为"标题"，放置在所有图层的上面，在第 55 帧处插入关键帧，将"标题"影片剪辑放入舞台中，并在"属性"面板中对其使用黑色"投影"滤镜，如图 7-48 所示。

图 7-48　添加标题后效果

17）为使"标题"影片剪辑只播放一次，可在影片剪辑的最后一帧，"动作"面板中加入"stop（）；"语句。最后可对影片加入一些装饰效果，最终效果如图7-49所示。

图7-49　最终效果

7.4　精彩实例2：钻石广告制作

本实例主要运用传统补间动画方式实现，具体操作步骤如下。

1）打开素材文件"钻石广告动画素材.fla"，将"图层1"重命名为"背景"。将库中的"image1"图片拖入到舞台中作为背景，并在第240帧处插入关键帧，如图7-50所示。

2）新建一影片剪辑，命名为"钻石1"，设置文档背景为黑色。在"图层1"的第1帧处插入"装饰1"图形元件，如图7-51所示，并设置其透明度为20%。

图7-50　背景效果　　　　　　　　　图7-51　"装饰1"效果

3）在影片剪辑的第10帧处插入关键帧，并将"装饰1"图像右移，在第1帧与第10帧之间建立传统补间。接下来新建图层，在图层中第10帧以后不同的位置放入"光1"影片剪辑，并调整其透明度。

4）回到场景中，新建一图层并命名为"钻石1"，将库中的"钻石1"影片剪辑拖入到舞台中，并将第40帧转换为空白关键帧，效果如图7-52所示。

说明：转换空白关键帧的位置取决于影片剪辑中影片的长度。

5）采用第2）～3）步的方式，创建一影片剪辑，命名为"钻石2"，将"装饰2"元件取代"装饰1"形成一个影片剪辑，将"光2"、"闪光"等影片剪辑也放入其中。

6）回到场景中，新建一图层命名为"钻石2"，在第40帧处插入关键帧，将库中的"钻石2"影片剪辑拖入到舞台中，并将第80帧转换为空白关键帧，效果如图7-53所示。

7）继续采用第2）～3）步的方式，分别创建"钻石3"和"钻石4"影片剪辑，将"装饰3"或"装饰4"元件取代"装饰1"形成一个影片剪辑，将"光2"、"闪光"等影片剪辑也放入其中。

8）回到场景中，新建一图层并命名为"钻石3"，在第80帧处插入关键帧，将库中的"钻石3"影片剪辑拖入到舞台中，并将第120帧转换为空白关键帧，效果如图7-54所示。

继续新建一图层并命名为"钻石4"，在第120帧处插入关键帧，将库中的"钻石4"影片剪辑拖入到舞台中，并将第160帧转换为空白关键帧，效果如图7-55所示。

图7-52　"钻石1"效果

图7-53　"钻石2"效果

图7-54　"钻石3"效果

图7-55　"钻石4"效果

9）最后进行适当的文字效果装饰。双击库中的"文本"元件，在元件中输入"珍爱一生 铸就永恒"字样，设置颜色为棕色。继续双击"合成倒影"影片剪辑，将"倒影文本"元件拖入其中，形成倒影文字效果。

10）回到场景中，新建一图层并命名为"文本"，将"合成倒影"影片剪辑拖入舞台的右下角，如图7-56所示。

11）新建一图层命名为"标识"，将库中的"标识"影片剪辑放入舞台右上角，在"标识"下方输入公司名称，并为这两项添加"投影"滤镜效果，如图7-57所示，按〈Ctrl + Enter〉组合键可预览效果。

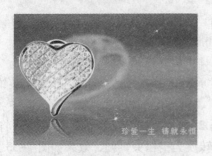

图7-56　添加装饰文字后效果

图7-57　最终效果

7.5　小结

本章介绍了Flash中的运动渐变动画的制作方法，其中详细介绍了传统补间与补间动画的创建方法及它们之间的区别。这一章是 Flash 课程中非常重要的一章，在学习过程只有多思考、多总结才能制作出精彩的动画效果。

7.6 项目作业

1. 利用传统补间制作一旋转的风车效果，具体可参照"旋转的风车效果 .swf"，如图 7-58 所示。

图 7-58 风车效果

2. 利用传统补间制作一火车运动的效果，具体可参照"奔驰的火车 .swf"，如图 7-59 所示。

图 7-59 奔驰的火车效果

第 8 章　引导层动画

8.1　引导层动画的概念

前面所学动画的运动轨迹都是直线，可是在生活中，有很多运动是弧线或不规则的，如月亮围绕地球旋转、鱼儿在大海里遨游，蝴蝶在花丛中飞舞等，在 Flash 中使用引导路径动画可以做出这些随意运动的效果。

将一个或多个层链接到一个运动引导层，使一个或多个对象沿同一条路径运动的动画形式被称为"引导层动画"或"引导路径动画"。这种动画可以使一个或多个元件完成曲线或不规则运动。

在制作引导层动画时，必须要创建引导层，引导层是 Flash 中的一种特殊图层，在影片中起到辅助作用，引导层不会导出，因此不会显示在发布的 SWF 格式文件中，即引导层上的内容是不会显示在发布文件中，任何图层都可以作为引导层。

8.2　创建引导层动画

8.2.1　创建引导层

一个最基本的引导层动画由两个图层组成，上面一层是"引导层"，它的图层图标为 ⁑，下面一层是"被引导层"，图标为 ⬚，同普通图层一样。引导层分为普通引导层和运动引导层两种方式，在 Flash CS5 的版本中分别称为"引导层"和"传统运动引导层"。

在 Flash CS5 的版本中创建传统普通引导层动画的方式有以下两种。

- 用鼠标右键单击普通图层，选择"引导层"命令，即可将普通图层的转化为传统普通引导层，在图层名称的前面图标变成 ✎，图层显示效果如图 8-1 所示。
- 用鼠标右键单击普通图层，选择"属性"命令，在弹出的属性对话框中选中"引导层"单选框，单击"确定"按钮亦可将普通图层转化为引导层。

在 Flash CS5 中创建传统运动引导层方式是：在要作为引导层的图层上用鼠标右键单击，选择"添加传统运动引导层"命令，即可创建运动引导层。

当引导层被创建后，用户可以发现它与一般图层的名称（如名为"图层 1"）不同。引导层的名称为"引导层：图层 1"，这表示该层是"图层 1"的引导层，它将对"图层 1"上的对象起引导作用。同时，"图层 1"的图标和名称向右有了一定的缩进，表示被"引导层：图层 1"所引导，如图 8-1 所示。

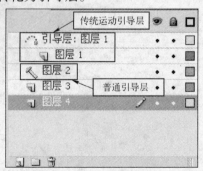

图 8-1　引导层图层显示

8.2.2 普通引导层与运动引导层

在图8-1中的两种引导层，图标为 ✎ 的是普通引导层，图标为 ⋯ 的是传统运动引导层，普通引导层只能起到辅助绘图和绘图定位的作用，它有着与一般图层相类似的属性，它可以不被引导层引导而单独使用。而运动引导层则总是与至少一个图层相关联，这些被引导的图层称为被引导层。将一般图层设为某运动引导层的被引导层后，可以使该层上的任意对象沿着它在运动引导层上的路径进行运动。要将普通引导层转换为运动引导层，只需要给普通引导层添加一个被引导层，如图8-2所示，将一般图层"图层1"，拖到普通引导层"图层2"的下方，"图层2"就转换为运动引导层，"图层1"就转换成被引导层。同样，要将运动引导层转换为普通引导层，只需要将与运动引导层相关联的被引导层拖动到运动引导层的上方即可。

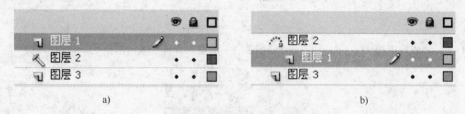

a)   b)

图8-2　创建的引导层

a）转换前的普通引导层　b）转换后的运动引导层

8.2.3 制作引导层动画

当对象做直线运动时一般很少使用引导层，而做曲线运动或者不规则的直线运动时，一般使用引导层来对对象的路径进行控制。因为使用引导层可以使对象沿着引导层中的自定义的引导线做运动。

注意：在引导层中的引导路径必须是线条，而不能是对象；而被引导层中必须是对象，不能是基本图形。

下面以"蝴蝶花间舞"的实例进行引导层的使用说明，具体操作步骤如下。

1. 单个对象的引导动画

1）打开案例文件夹中的"蝴蝶花间舞素材.fla"文件。按〈Ctrl + L〉组合键打开"库"面板，如图8-3所示。在"库"面板中，可以看到蝴蝶素材已放置其中。

2）将"图层1"重命名为"背景"，将库中的"背景"素材图片拖入到舞台中，并在其属性中设置其大小及位置与舞台相重合，如图8-4所示。

3）插入一个新图层并命名为"蝴蝶"。打开"库"面板，把"蝴蝶"影片剪辑元件拖入到舞台中，调整其大小，并放在舞台右边合适的位置。

4）选中"蝴蝶"图层后用鼠标右键单击，在弹出的菜单中选择"添加传统运动引导层"命令，创建一个引导层。该层的上方出现了一个名为"引导层：蝴蝶"的运动引导层，如图8-5所示。

5）单击选中"引导层：蝴蝶"图层，在第1帧中使用"铅笔工具"绘制引导路径，如图8-6所示。

图 8-3 "库"面板

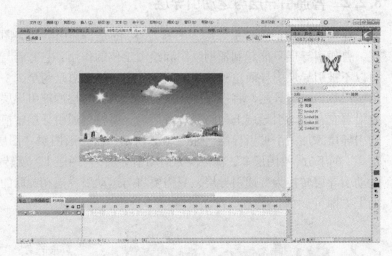

图 8-4 添加"背景"素材后的 Flash 操作界面

图 8-5 添加引导层的图层编辑区

图 8-6 添加的引导层路径

6）单击"蝴蝶"图层，在第 200 帧处按〈F6〉键插入关键帧。单击"引导层：蝴蝶"图层在第 200 帧按〈F5〉键插入普通帧。同样，在"背景"图层的第 200 帧处也插入普通帧。

7）回到"蝴蝶"图层，在第 1 帧处，将蝴蝶拖放至引导层线条的最右端，如图 8-7 所示。

注意：蝴蝶的注册点（中心）一定要放置在引导线上，否则蝴蝶将不会沿着引导路径运动。

8）单击第 200 帧处，将蝴蝶拖放至引导线条的最左端，如图 8-8 所示。

a)   b)

图 8-7　第 1 帧处图形放置

a）第 1 帧整体效果图　b）第 1 帧局部效果图

图 8-8　第 200 帧处图形放置

　　说明：在做引导路径动画时，按下工具箱中的"贴近至对象"按钮，可以使"对象附着于引导线"的操作更容易成功，拖动对象时，对象的中心会自动吸附到路径端点上。

　　9）在"蝴蝶"图层的第 1 帧与第 200 帧之间的任意一帧处，用鼠标右键单击，在弹出的菜单中选择"创建传统补间"命令，即可实现蝴蝶沿着引导层的路径进行运动。

　　说明：在蝴蝶飞舞的过程中，蝴蝶的姿态始终是同一个角度，即第 1 帧中设定的角度。这种方式不符合蝴蝶运动的规律，因此需要对蝴蝶运动的角度进行调整。

　　10）选择"蝴蝶"图层的第 1 帧，使用"任意变形工具"调整蝴蝶的角度为平行与蝴蝶所在位置曲线的角度，如图 8-9 所示。

　　11）在"蝴蝶"图层的最后一帧，继续使用"任意变形工具"调整蝴蝶的角度仍为平行于蝴蝶所在位置曲线的角度，如图 8-10 所示。

图 8-9　蝴蝶起始位置角度

图 8-10　蝴蝶结束位置角度

说明：这时蝴蝶运动过程中的角度只是初始位置与结束位置之间的过渡角度，要想更好地符合运动规律，需要继续调整其运动方式。

12）单击"蝴蝶"图层的任意一帧，打开"属性"面板，将"补间方式"中的"调整到路径"勾选上，如图8-11所示。预览动画效果能够发现蝴蝶可以很好地进行符合运动规律的飞舞。

图8-11 "属性"面板中的补间设置

13）预览动画时可发现蝴蝶的飞舞速度是匀速的，为更好地体现蝴蝶飞舞的效果，可将"蝴蝶"图层中不同位置的帧转换为关键帧，并调整蝴蝶的位置来实现蝴蝶的自由飞舞。如图8-12所示，将第30帧转换为关键帧，并调整图像的位置。

a)   b)

图8-12 第30帧蝴蝶图像的调整

a）调整前自动运动的位置   b）手动调整后的位置

2. 多个对象的引导动画

多个对象的引导动画是指将多个被引导的对象链接到引导层中，从而引导多个对象运动的动画。继续以上面的案例为例，另外添加一个蝴蝶对象继续使用原有路径进行引导运动。

在单个对象的引导动画的基础上，新建一图层并命名为"蝴蝶2"，将其放置在"引导层：蝴蝶"图层的下方，如图8-13所示。

图8-13 添加"蝴蝶2"后的"图层"面板

在"蝴蝶2"图层分别按照上面的第6）~12）步，完成动画设计。在第1帧和最后一帧中"蝴蝶2"的位置可适当发生变化，如图8-14所示。

中间的帧亦可参照第13）步的方式进行调整，预览动画即可看见一条引导路径引导多个对象的效果。

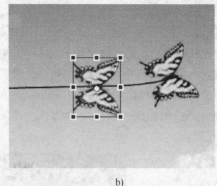

a)   b)

图 8-14 "蝴蝶 2"摆放位置

a）第 1 帧中"蝴蝶 2"的摆放位置　b）最后一帧中"蝴蝶 2"摆放位置

8.2.4 引导层动画制作说明

1）如果想让对象做圆周运动，可以在引导层画一根圆形线条，再用"橡皮擦工具"擦去一小段，使圆形线段出现 2 个端点，再把对象的起始、终点分别对准端点即可。

2）引导线允许重叠，如螺旋状引导线，但在重叠处的线段必须保持圆润，让 Flash 能辨认出线段走向，否则会使引导失败。

3）如果想解除引导，可以把被引导层拖离引导层，或在图层区的引导层上单击鼠标右键，在弹出的菜单上选择"属性"命令，在对话框中选择"正常"作为正常图层类型。

4）引导层中的内容在播放时是看不见的，利用这一特点，可以单独定义一个不含被引导层的引导层，该引导层中可以放置一些文字说明、元件位置参考等，此时，引导层的图标为 。

5）向被引导层中放入元件时，在动画开始和结束的关键帧上，一定要让元件的注册点对准线段的开始和结束的端点，否则无法引导，如果元件为不规则形，可以单击工具箱中的"任意变形工具"，调整注册点。

8.3 精彩实例 1：动感音乐片头制作

本案例主要通过引导层动画结合元件与实例的综合运用，来展现动感音乐片头的优美。案例效果如图 8-15 所示。

图 8-15 案例效果图

案例实现步骤如下：

1）创建一个 Flash 文档，在舞台中用鼠标右键单击，选择"文档属性"命令，设置文档大小为 590×300 像素，背景颜色为#990000，其他保持默认。

2）选择"插入"→"新建元件"命令，在弹出的对话框中将名称设置为"旋律"，类型设置为"图形"，单击"确定"按钮后进入"旋律"图形元件。在元件中使用"钢笔工具"绘制一条白色曲线，线条应足够长，本案例中绘制的线条长度为 2000 像素，部分图像如图 8-16 所示。

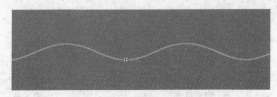

图 8-16 "旋律"图形元件部分线条

3）选择"插入"→"新建元件"命令，设置名称为"波浪 1"，类型为"影片剪辑"，在这一影片剪辑中设置动画效果为："旋律"图形自右向左运动。

4）继续选择"插入"→"新建元件"命令，设置名称为"波浪 2"，类型为"影片剪辑"，在这一影片剪辑中设置动画效果为："旋律"图形自左向右运动。

5）新建一影片剪辑命名为"波浪整体效果"，在这影片剪辑中不同帧的位置添加多个"波浪 1"影片剪辑及一个"波浪 2"影片剪辑，整体效果如图 8-17 所示。

6）为实现绚丽的效果，可将"波浪整体效果"影片剪辑中的"波浪"影片剪辑设置不同的透明度。同时要保证线条不是并行运动的，因此要将"波浪 1"影片剪辑放置在不同的帧上，并在最后一帧中使用鼠标右键添加动作"stop( );"，图层如图 8-18 所示。

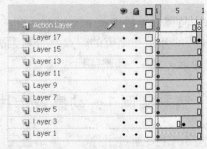

图 8-17 多个波浪的整体效果　　　　图 8-18 "波浪"效果的"图层"面板

7）下面开始制作旋律效果。新建一影片剪辑命名为"旋律 1"，将影片剪辑中的图层命名为"音符"，并将"音符 1"图形元件拖入到场景中。用鼠标右键单击"音符"图层，选择"添加传统运动引导层"命令，为"音符"创建引导层。

8）在引导层中绘制线条作引导路径，如图 8-19 所示。

图 8-19 引导路径

9）在第 240 帧处分别为"音符"图层和引导层插入关键帧和普通帧。在第 1 帧处将"音符 1"放置在线条的左端，最后一帧处放置在右端。并在"音符"图层创建"传统补间动画"，使"音符 1"沿着路径运动起来。

10）为取得绚丽的效果，可在"音符"图层的第 25 帧处插入关键帧，将第 1 帧中的"音符 1"图形的透明度设置为 0%（即在图形"属性"面板的"色彩效果"中设置 Alpha 值为 0%）。时间轴效果如图 8-20 所示。

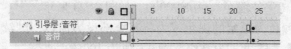

图 8-20　引导层动画的时间轴

11）分别采用第 7）~10）步的方式制作"音符 2"、"音符 3"、"音符 4"的引导层动画分别命名为"旋律 2"、"旋律 3"、"旋律 4"。至此音符的引导层动画制作完毕。

12）创建一影片剪辑命名为"旋律整体效果"。创建大约 20 个图层，名称为默认，并在大约 180 帧处分别为每个图层使用〈F5〉快捷键插入普通帧。

13）在每一个图层的不同位置插入关键帧（如图 8-21），并分别将"旋律 1"、"旋律 2"、"旋律 3"、"旋律 4"共 4 个影片剪辑拖入到这些关键帧中。在场景中摆放的位置如图 8-22 所示。

图 8-21　"旋律整体效果"的部分"图层"面板

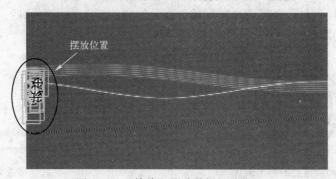

图 8-22　"旋律"影片剪辑摆放位置

注意： 在制作"旋律整体效果"时，为使在最终的效果中没有闪烁，需要在最后一帧中添加动作"stop( );"。

14) 回到 Flash 的场景中，创建两个图层分别命名为"波浪"和"旋律"，并分别将"波浪整体效果"和"旋律整体效果"影片简介拖放到第 1 帧中。

15) 单击场景中的"旋律整体效果"影片剪辑，在"属性"面板中，单击"滤镜"部分的"添加滤镜" 🗔 按钮，设置"模糊 X"和"模糊 Y"分别为 10 像素，"强度"为 100%，"品质"为"高"，"颜色"为#990000，如图 8-23 所示。

16) 这时音符的颜色为原始的黑色，为将其全部设为白色，继续修改"属性"面板中的"色彩效果"，选择"样式"为高级，Alpha 值为 100%，"红"、"绿"、"蓝"分别为 0%，如图 8-24 所示。

图 8-23 "滤镜"面板

图 8-24 "色彩效果"面板

17) 至此整体效果已制作完毕，效果如图 8-15 所示。

8.4 精彩实例2：小鱼跳跃背景动画制作

本案例主要使用引导层动画来实现小鱼的跳跃效果，整体效果是通过多次使用小鱼跳跃的影片剪辑来实现的，具体操作步骤如下。

1) 打开素材文件"小鱼跳跃素材 . fla"。执行"插入"→"新建元件"命令，插入一图形元件，命名为"水波"。

2) 在"水波"元件中，使用"椭圆工具" ◯ 绘制两个"填充颜色"为灰色（A6A6A6）、"笔触颜色"为黑色的圆形，并且叠放在一起，如图 8-25 所示。

3) 使用"选择工具" ▶ 将两个圆形的边框及内圆的填充内容删除后，使用"任意变形工具" ▦ 对剩下的图形进行变形，如图 8-26 所示。

图 8-25 重叠的两个圆形

图 8-26 删除线条后变形效果

4）复制两个变形后的图形，并使用"任意变形工具"将其变小，放置在变形后的图形内，这样就形成一个水波的图形，如图 8-27 所示。

5）新建一影片剪辑，命名为"水波背影"，使用"椭圆工具"绘制一图形，填充为灰色的"径向渐变"效果，如图 8-28 所示；渐变颜色为黑色（000000），两色块的 Alpha 值分别为 30% 和 0%，"颜色"面板如图 8-29 所示。

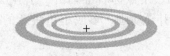

图 8-27　水波形状　　　　　　　　　　图 8-28　水波背影

6）新建一影片剪辑，命名为"水波效果"。将"图层 1"重命名为"水波背影"，将"库"面板中的"水波背影"影片剪辑拖入到舞台中心处。在第 30 帧处插入关键帧，单击舞台中的"水波背影"影片剪辑，修改其"属性"面板中"色彩效果"的 Alpha 值为46%，如图 8-30 所示。在第 1 帧与第 30 帧之间，使用鼠标右键创建传统补间动画。

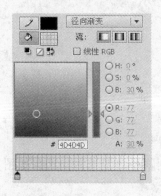

图 8-29　填充"颜色"面板　　　　　图 8-30　"水波背影"的 Alpha 值修改

7）在"水波效果"影片剪辑中，新建一图层，命名为"水波"。将"库"面板中的"水波"图形元件拖入到该层第 1 帧的舞台中，放置在"水波背影"的上方，如图 8-31 所示。在第 30 帧处插入关键帧，单击舞台上的水波图形，调整其"属性"面板中"色彩效果"的 Alpha 值为 0%，并在第 1 帧与第 30 帧之间建立传统补间动画，如图 8-32 所示。

图 8-31　"水波"与"水波背影"的放置　　　　图 8-32　水波扩散效果

8）新建一影片剪辑，命名为"小鱼跳跃"。将"图层 1"重命名为"引导层"。使用"钢笔工具"在舞台中绘制一条小鱼跳跃的曲线，如图 8-33 所示。

9）新建一图层，命名为"小鱼"，将其放置在"引导层"的下方。将库中的"鱼"影片剪辑拖入到舞台中，放置在曲线的右端，如图 8-34 所示。

图 8-33　小鱼跳跃的曲线　　　　　　　　图 8-34　放置的小鱼效果

10）在图层的第 30 帧处插入关键帧，将小鱼放置在曲线的左端，如图 8-35 所示。并在第 1 帧与第 30 帧之间使用鼠标右键插入传统补间动画。用鼠标右键单击"引导层"图层，在弹出的菜单中选择"引导层"命令，为小鱼创建引导动画，形成小鱼跳跃的效果，如图 8-36 所示。

图 8-35　小鱼左端的放置效果　　　　　　图 8-36　小鱼跳跃效果

11）此时可以发现小鱼始终朝着一个方向在运动，不符合运动规律。因此首先将起始帧和结束帧中的小鱼的角度调整为垂直于线条，如图 8-37 所示。

a)　　　　　　　　　　　　　　　　　　b)

图 8-37　小鱼角度

a）起始帧小鱼角度　b）结束帧小鱼角度

12）接下来需要将补间动画"属性"面板中的"调整到路径"复选框勾选，如图 8-38 所示，动画效果如图 8-39 所示。

图 8-38　"补间"属性的调整　　　　　　　图 8-39　小鱼跳跃效果

13）新建一图层并命名为"水波"，放置在最顶层。将"库"面板中的"水波效果"影片剪辑拖入到舞台中，放置在第 1 帧小鱼的下方，如图 8-40 所示。

14）在第 28 帧处插入空白关键帧，将"水波效果"影片剪辑拖入到舞台中，放置在第 28 帧小鱼的下方，如图 8-41 所示，并按〈F5〉键在第 58 帧处插入普通帧。

图 8-40　第 1 帧中水波的放置　　　　　　图 8-41　第 28 帧中水波的放置

15）回到场景中，在"背景"图层的第100帧处插入关键帧。接下来新建一图层，命名为"跳跃1"，在第5帧处插入关键帧，将"库"面板中的"小鱼跳跃"影片剪辑拖入到舞台中，如图8-42所示。接下来在第61帧处插入普通帧。

图8-42　场景中小鱼的放置

说明： 在第61帧处插入普通帧是由"小鱼跳跃"影片剪辑的帧数决定的。图层中放置影片剪辑的帧数应等于"小鱼跳跃"影片剪辑的帧数。

16）接下来创建多个图层，分别命名为"跳跃2"、"跳跃3"等，并且在这些图层的不同帧上插入关键帧，放置"小鱼跳跃"影片剪辑。这些影片剪辑在舞台中也应放置在不同的位置上，形成最终如图8-43所示效果。

图8-43　小鱼跳跃背景动画最终效果

8.5　小结

本章介绍了引导层动画的制作方法及注意要点，在制作时要注意"调整路径"的补间方式的运用以及如何合成多个引导层动画。在使用的过程中应注重创新，这样才能制作出好的作品。

8.6　项目作业

1. 使用引导层动画制作一束激光写出 Flash 几个大字，效果如图8-44所示。

图 8-44　激光文字效果

2. 使用引导层动画制作"疯狂的过山车"动画，如图 8-45 所示。

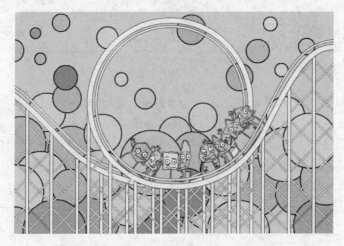

图 8-45　"疯狂的过山车"效果

第9章 遮罩动画

9.1 遮罩动画的概念

在 Flash 的作品中，大家常常看到很多眩目神奇的效果，而其中不少就是用最简单的"遮罩"完成的，如水波、万花筒、百叶窗、放大镜、望远镜等。遮罩动画创作的效果是取之不尽，用之不竭的。

那么，"遮罩"如何能产生这些效果呢？

（1）什么是遮罩

遮罩动画是 Flash 中很重要的动画类型，很多效果丰富的动画都是通过遮罩动画来完成的。在 Flash 的图层中有一个遮罩图层类型，为了得到特殊的显示效果，可以在遮罩层上创建一个任意形状的"窗口"，遮罩层下方的对象可以通过该"窗口"显示出来，而"窗口"之外的对象将不会显示。

（2）遮罩有什么用

在 Flash 动画中，"遮罩"主要有两种用途，一个作用是用在整个场景或一个特定区域，使场景外的对象或特定区域外的对象不可见；另一个作用是用来遮罩住某一元件的一部分，从而实现一些特殊的效果。

9.2 创建遮罩的方法

9.2.1 创建遮罩

在 Flash 中没有一个专门的按钮来创建遮罩层，遮罩层其实是由普通图层转化的。只要在某个图层上单击鼠标右键，在弹出的菜单中选择"遮罩层"命令，使命令的左边出现一个小勾，该图层就会生成遮罩层，"层图标"就会从普通层图标 变为遮罩层图标 ，系统会自动把遮罩层下面的一层关联为"被遮罩层"，在缩进的同时图标变为 ，如果想关联更多层被遮罩，只要按住鼠标左键把这些层拖到被遮罩层下面即可，如图 9-1 所示；要去掉遮罩关系，只需在遮罩层上用鼠标右键单击，在弹出菜单中把"遮罩层"前面的对勾去掉。

图 9-1 遮罩"图层"面板

9.2.2 构成遮罩和被遮罩层的元素

遮罩层中的图形对象在播放时是看不到的，遮罩层中的内容可以是按钮、影片剪辑、图形元件、位图、文字等，但不能使用线条，如果一定要用线条，可以将线条转化为"填充"。注意元件的内部不能再包含元件；也不能是组合的物体，要将它打散才能作为遮罩物。被遮罩层中的对象只能透过遮罩层中的对象被看到。在被遮罩层，可以使用按钮、影片剪辑、图形、位图、文字、线条。

9.2.3　遮罩中可以使用的动画形式

可以在遮罩层、被遮罩层中分别或同时使用形状补间动画、动作补间动画、引导线动画等动画手段，从而使遮罩动画变成一个可以施展无限想象力的创作空间。

与填充或笔触不同，遮罩项目就像一个窗口，透过它可以看到位于它下面的链接图层区域。除了透过遮罩项目显示的内容之外，其余的内容都被遮罩层的其余部分隐藏起来。一个遮罩层只能包含一个遮罩项目，遮罩的项目可以是影片剪辑。遮罩层不能在按钮内部，也不能将一个遮罩应用于另一个遮罩。

在遮罩动画中，显示的是遮罩层的区域内被遮罩层的内容。

9.2.4　遮罩动画的应用技巧

遮罩层的基本原理是：能够透过该图层中的对象看到"被遮罩层"中的对象及其属性（包括它们的变形效果），但是遮罩层中的对象中的许多属性如渐变色、透明度、颜色和线条样式等却是被忽略的。还有以下事项需要注意：

- 不能通过遮罩层的渐变色来实现被遮罩层的渐变色变化。
- 要在场景中显示遮罩效果，可以锁定遮罩层和被遮罩层。
- 不能用一个遮罩层试图遮蔽另一个遮罩层。
- 遮罩可以应用在 gif 动画上。
- 在制作过程中，遮罩层经常挡住下层的元件，影响视线，无法编辑，可以按下遮罩层"时间轴"面板的显示图层轮廓按钮█，使之变成▢，使遮罩层只显示边框形状。在这种情况下，还可以拖动边框调整遮罩图形的外形和位置。
- 在被遮罩层中不能放置动态文本。

9.3　创建遮罩动画

本实例是在制作常见的人物眼睛发光效果，以显示人物的威严。通过本实例可演示遮罩动画的制作过程。在制作遮罩动画中通常会分为 3 个图层，分别是背景层、遮罩层和被遮罩层。在背景图层和被遮罩层中分别放置不同的图像，在遮罩层中制作一个逐渐变化的动画。本案例中通过红色的图形遮住了眼镜范围的白色填充区域，实现了光线的效果。具体操作步骤如下：

1）打开"眼睛发光素材.fla"素材文件，新建一图层并命名为"被遮罩层"。

2）单击"眼镜"图层第 1 帧中的"眼镜"，按〈Ctrl + C〉组合键复制。单击"被遮罩层"的第 1 帧，在舞台中单击鼠标右键，选择"粘贴到当前位置"命令，将"眼镜"图像粘贴到"被遮罩层"中。

3）使用"颜料桶工具◇"将"被遮罩层"中的"眼镜"图像填充为白色，如图 9-2 所示。

4）将填充好的图像执行右键菜单中的"转换为元件…"命令，将其转换为"图形"元件，如图 9-3 所示。

图9-2　将"眼镜"图像填充为白色　　　　　图9-3　转换成"图形"元件的图像

5）新建一图层，命名为"遮罩层"。在这一图层上绘制两个长方形的方块，将颜色设置为红色（其他颜色亦可）。使用"橡皮擦工具"将图像的上下边缘进行修饰，如图9-4所示。

6）将修饰后的图形转换为图形元件，放置在右侧眼镜上，如图9-5所示。在"遮罩层"时间轴的第20帧处按〈F6〉键插入关键帧，并将图形移至眼镜的右上侧。

遮罩层图像放置位置

图9-4　绘制的方块形状　　　　　　　图9-5　图形放置在眼镜上

7）在"遮罩层"的第1帧和第20帧之间的任意一帧用鼠标右键单击，在弹出的菜单中选择"创建传统补间"命令，为遮罩层的物体创建动画。

8）在"被遮罩层"的第20帧处插入关键帧，单击该帧舞台上的图形元件，在"属性"面板中设置"色彩效果"选项中的 Alpha 值为40%，如图9-6所示。

图9-6　"色彩效果"选项

9）在"被遮罩层"的起始帧和终止帧之间建立传统补间，使图层上的"眼镜"图像实现一个透明度的渐变，目的是让眼镜上的光线看起来更加自然。

10）用鼠标右键单击"图层"面板中的"遮罩层"，在弹出的菜单中选择"遮罩层"命令，以实现图层的遮罩效果。

11）分别在"狼"和"眼镜"图层的第20帧处插入普通帧，图层及时间轴如图9-7所示，至此眼镜光线的效果已制作完毕，如图9-8所示。

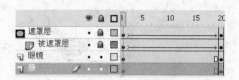

图9-7　图层及时间轴效果

图9-8　最终效果

9.4　精彩实例1：旅游景区广告制作

　　本案例主要运动遮罩动画来实现水波、图片的部分显示及切换等效果，是一个遮罩综合应用的案例，案例效果如图9-9所示。

图9-9　旅游景区广告效果

本案例中多次应用遮罩效果，实现过程较为复杂，案例实现步骤如下。

1. 水波效果的实现

1）打开素材文件"旅游景区广告素材.fla"。

2）新建一影片剪辑并命名为"图片1-波纹"，目的是为图片中水面部分制作波纹效果。将"图层"面板中的"图层1"重命名为"湖面"，将"库"面板中的"影片剪辑"文件夹下的"图片1"影片剪辑拖入到舞台中，并在第40帧处插入普通帧，如图9-10所示。

3）新建一图层并命名为"波纹"，在第1帧处绘制一组长方形的白色线条，如图9-11所示，并将其转换为图形元件放置在"图片1"的左下角，用于实现水波的效果。

图9-10 放入舞台的"图片1"效果（显示比例为50%）

图9-11 用于实现水波的线条组

说明： 此处虽然看起来像线条（笔触），实际为长方形的填充图形。

4）在本图层的第40帧处插入关键帧，将波纹线条向下移动大约4条线的宽度。在第1帧及第40帧之间创建传统补间。

5）用鼠标右键单击"图层"面板中的"波纹"图层，设置遮罩效果，如图9-12所示。

图9-12 水波遮罩效果

说明： 以上步骤并未实现水波效果，要想实现水波效果还需加一个"图片1"的背景图层。若直接使用这一遮罩实现水波，则岸边的树也会出现水波的效果，因此需要继续设置。

6）新建一影片剪辑，命名为"图片1-水波"，在该影片剪辑中通过背景层、遮罩层及被遮罩层3个图层实现水波效果。将"图层1"重命名为"背景"，将"图片1"影片剪辑拖入第1帧中。

7）新建一图层并命名为"波纹"，将影片剪辑"波纹"拖入到第1帧中，放置的位置和"背景"图层中图片要上下及左右各错开一个水波的距离,这样便于产生水波效果。

8)为仅仅使水面产生水波,而岸上的树不产生水波效果。继续新建一图层,命名为"湖面",在这一图层中,使用"钢笔工具"或者"画笔工具"沿着背景图片中的湖面绘制一区域,并填充为蓝色(其他颜色亦可),如图9-13所示。

图9-13 绘制的水面区域图形

9)将"湖面"图层设置为"遮罩层","波纹"图层设置为"被遮罩层",至此水波的效果已实现。具体可单独查看"水波效果.fla"文件。

说明: 这里实现了遮罩嵌套的效果。

10)利用第2)~9)步的方式,为"图片3"中水面部分实现水波效果,如图9-14所示。

图9-14 "图片3"的水波实现

2. 页面图片显示效果的实现

1)新建一影片剪辑并命名为"页面效果"。将"图层1"重命名为"显示区域",将"库"面板中的"页面区域"影片剪辑拖入到第1帧中,在"页面区域"影片剪辑的"属性"面板中设置Alpha值为30%。

2)新建一图层并命名为"展开",用于实现"页面区域"进入场景的效果。在第1帧出绘制覆盖住"页面区域"右半部分的图形,如图9-15所示。

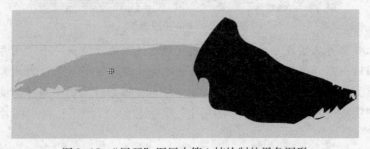

图9-15 "展开"图层中第1帧绘制的黑色图形

3）在第 20 帧处分别为两个图层插入关键帧。在"展开"图层中，将绘制的图形扩大并覆盖住下面的图层内容，如图 9-16 所示。

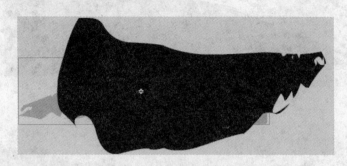

图 9-16 "展开"图层中第 20 帧绘制的黑色图形

4）在"展开"图层的第 1 帧和第 20 帧之间创建形状补间动画，实现首尾两帧之间图形的变化。

5）将"展开"图层设置为遮罩层，"显示区域"为被遮罩层，从而实现了页面显示区域进入场景的动画效果，具体可查看"显示区域入场效果.fla"文件。

6）新建一图层并命名为"修饰图层"，将其放置在最底层，用于对遮罩区域背景的修饰。在时间轴的第 20 帧处插入关键帧，将"页面区域"影片剪辑拖入该帧中，放置在"显示区域"图层中图像的上方，与之重合。设置其透明度（Alpha）为 20%。接下来在第 340 帧处插入普通帧。

7）新建一图层命名为"遮罩区域"，在时间轴的第 20 帧处插入关键帧，将"页面区域"影片剪辑拖入该帧中，使用"任意变形工具" 对其变形，使之略小于"修饰图层"的图像，如图 9-17 所示。接下来在该图层的第 340 帧处插入普通帧。

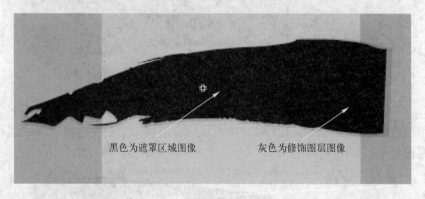

黑色为遮罩区域图像   灰色为修饰图层图像

图 9-17 遮罩区域图像的放置位置及大小

8）新建一图层命名为"遮罩图片"，放置在"遮罩区域"图层的下方。在第 30 帧处插入关键帧，将"图片 1－水波"影片剪辑拖入到场景中，放置在遮罩区域的底层位置，如图 9-18 所示。

9）用鼠标右键单击"遮罩区域"图层，在弹出的菜单中选择"遮罩层"命令，实现遮罩效果，如图 9-19 所示。

说明：预览时，此处图片水波的效果亦可显示出来。

图 9-18 "图片 1 – 水波"影片剪辑放置的位置

图 9-19 设置遮罩后的显示效果

10）为实现图片的动态运动效果，需要在"遮罩图片"图层的第 170 帧处插入关键帧，并将图像向下移动一段距离，如图 9-20 所示。接下来在第 20 帧与第 170 帧之间建立传统补间动画，实现图片向下移动的效果。

图 9-20 "图片 1 – 水波"影片剪辑移动后位置

11）继续操作该图层，在第 171 帧处单击鼠标右键插入空白关键帧，将"图片 2"影片剪辑拖入到该帧中，如图 9-21 所示。

图 9-21 "图片 2"影片剪辑放置的位置（取消遮罩层锁定后效果）

12）在第 300 帧处插入关键帧，将"图片 2"向上移动一段距离，并在第 171 帧与第 300 帧之间建立传统补间动画。锁定遮罩层和被遮罩层后，效果如图 9-22 所示。

图 9-22　锁定图层后显示效果

说明：只有遮罩层与被遮罩层同时处于锁定状态时，才会显示遮罩效果。如果需要对两个图层中的内容进行编辑，可将其结束锁定，编辑结束后再将其锁定。

13）在第 320 帧处插入关键帧，将"图片 3－水波"影片剪辑拖入到图层中，并在第 340 帧处插入普通帧，形成效果如图 9-23 所示。

图 9-23　拖入"图片 3－水波"影片剪辑后的遮罩效果

14）为使图片间的切换效果更加自然，在"遮罩图片"图层的上方创建一图片切换效果图层，命名为"过渡效果"。如在第 20 帧与第 30 帧之间创建一个渐显的动画效果，在第 30 帧与第 40 帧之间创建一个渐隐的效果，主要是通过修改影片剪辑的透明度来实现的，如图 9-24 所示。

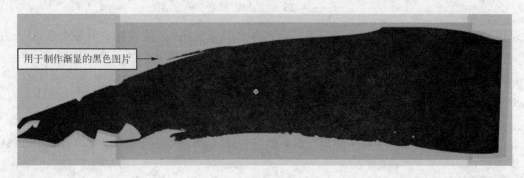

用于制作渐显的黑色图片 →

图 9-24　图片渐显效果

15）在第 160 帧与第 180 帧及第 310 帧与第 330 帧之间创建同样的过渡效果，使图片之间的切换更加自然。

16）新建一图层，命名为"淮安欢迎您"，用于放置欢迎口号。在第340帧处使用鼠标右键插入空白关键帧，将"淮安欢迎您"影片剪辑拖入其中，如图9-25所示。

图9-25　"淮安欢迎您"放置位置

17）新建一图层，命名为"动作"，在第340帧处插入空白关键帧。使用鼠标右键单击该帧，在弹出的菜单中选择"动作"命令，在"动作"面板中输入"stop（）；"，使动画播放到此帧后停止，如图9-26所示。

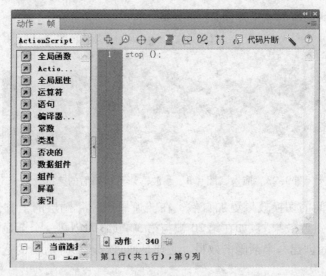

图9-26　"动作"面板

18）回到场景中，创建一个新图层，命名为"遮罩效果"，放置在"背景"图层上方，将"页面效果"影片剪辑拖入舞台中，调整其位置，最终形成效果如图9-9所示。

9.5　精彩实例2：古典风格片头制作

本案例主要使用遮罩动画实现百叶窗式图片切换效果以及卷轴式图片显示效果。具体制作步骤如下。

1. 卷轴式图片显示效果制作

1）在Flash中打开素材文件"中国古典风格片头.fla"，用鼠标右键单击舞台任意位置，在弹出的菜单中选择"文档属性"命令，然后在弹出的对话框中设置舞台大小为800×550像素。

2) 将"图层1"重命名为"背景"，按〈Ctrl + L〉组合键打开"库"面板，将"库"面板中的"Graphic"文件夹下的"背景"素材拖入到舞台中。使用"文本工具"输入"江南风景"字样，调整其大小及颜色放置在图片的右下角。

3) 按〈Ctrl + K〉组合键打开"对齐"面板，将面板中的"与舞台对齐"复选框勾选。单击面板中的"垂直中齐" 品 和"水平中齐" ▯▯ 使背景图像与舞台相吻合。

4) 将库中的"笔"和"砚"素材图片元件拖入到舞台中，使用"任意变形工具" ▓▓ 调整其大小、位置以及角度，如图9-27所示。在时间轴第60帧处使用〈F5〉键插入普通关键帧。

5) 新建一图层并命名为"卷轴背景"，在时间轴的第20帧处使用〈F6〉键插入关键帧。将"库"面板中的"图片1"及"卷轴"素材图片拖入到场景中，并放置在右上角，如图9-28所示。在时间轴的第60帧处使用〈F6〉键插入关键帧，在第150帧处使用〈F5〉键插入普通关键帧。

图9-27 背景效果

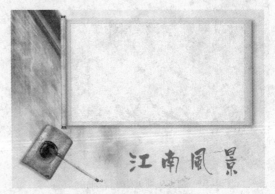

图9-28 卷轴背景效果

6) 新建一图层并命名为"卷轴遮罩"，在这一图层中制作用于实现卷轴效果的遮罩图片。在第20帧处插入关键帧，使用"矩形工具"绘制一无边框的颜色条，颜色自设，放置在卷轴之上，使之覆盖住卷轴，如图9-29所示。

7) 在"卷轴遮罩"图层的第60帧处插入关键帧，调整图像的大小，使之覆盖住整个"遮罩背景"图层中的图片，如图9-30所示。

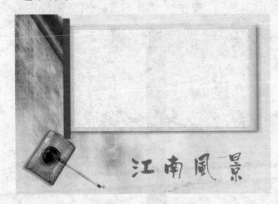

图9-29 卷轴背景效果

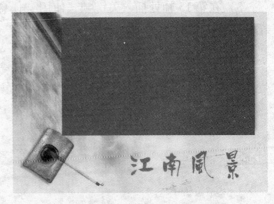

图9-30 第60帧处遮罩图片

8）在"卷轴遮罩"图层的第20帧与第60帧之间使用右键菜单中的"创建补间形状"命令创建补间动画。

9）用鼠标右键单击"卷轴遮罩"图层，在弹出的菜单中选择"遮罩层"命令，使之对"遮罩背景"图层实施遮罩，如图9-31所示。

10）新建一图层并命名为"右侧轴"。在时间轴的第20帧处插入关键帧，将"库"面板中的"卷轴"图片素材拖放到舞台中，放置位置在左侧卷轴的右边，如图9-32所示。

图9-31 "图层"面板

11）在第60帧处插入关键帧。移动帧上右侧卷轴图片放置在卷轴背景的右侧，如图9-33所示。在第20帧与第60帧之间任意帧处用鼠标右键单击，在弹出的菜单中选择"创建传统补间"命令，以在两个关键帧之间建立补间动画。

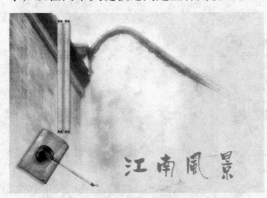

图9-32 第20帧处右侧卷轴的放置

图9-33 第60帧处右侧卷轴的放置

12）至此卷轴效果制作完毕，按〈Ctrl + Enter〉组合键可预览动画效果。

2. 百叶窗式图片切换效果制作

1）选择"插入"菜单下的"新建元件"命令，创建一影片剪辑，命名为"百叶窗"。

2）在"图层1"的第1帧处使用"矩形工具"绘制一蓝色线条，高度要比卷轴背景高一些，如图9-34所示。

注意：此处绘制的是填充图形，而非线条。

3）在第15帧处插入关键帧，使用"任意变形工具"，按住〈Shift〉键，围绕图片中心左右拉宽，如图9-35所示。

图9-34 绘制的线条　　　　　　图9-35 拉宽后效果

4）在第 1 帧与第 15 帧之间使用鼠标右键创建传统补间动画，并在第 45 帧处插入关键帧。为使图片之间的动画更加自然有节奏，可在第 1 帧和第 15 帧之间通过增加关键帧，并调节关键帧上图片的宽度来实现。

5）在"图层"面板中，继续创建"图层 2"到"图层 15"的 14 个图层，使用第 2）~4）步的方式，分别创建相类似的动画过程。为使图片出现一个过渡的效果，需要在每一个图层的下一帧创建初始帧，如在"图层 2"的第 2 帧创建初始帧，在"图层 3"的第 3 帧创建初始帧，依次类推，并在最后一帧中加入"stop( )；"语句使之只播放一次，最终时间轴如图 9-36 所示。

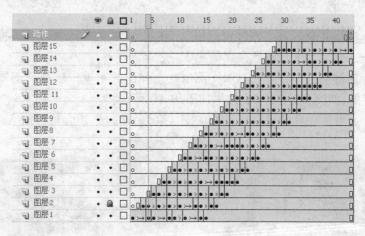

图 9-36 "百叶窗"影片剪辑时间轴

6）在制作百叶窗的最后一帧中要保证所有图片都连在一起，如图 9-37 所示。

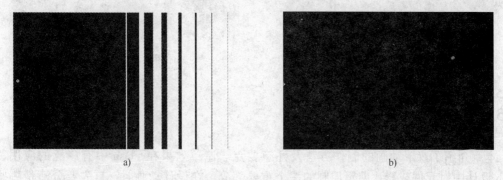

图 9-37 百叶窗效果

a）百叶窗中间效果 b）百叶窗最后效果

7）回到场景中，新建一图层并命名为"图片 2"，放置在"右侧卷轴"图层之上。在第 60 帧处插入关键帧，将库中图片素材"图片 2"拖入到舞台中，放置在卷轴背景之上，如图 9-38 所示。

8）在第 80 帧处插入关键帧。单击第 60 帧中的"图片 2"，在"属性"面板中设置其"色彩效果"中的 Alpha 值为 0%，如图 9-39 所示。

9）新建一图层命名为"图片 3"，在第 80 帧处插入关键帧，将库中的图片素材"图片 3"拖入到舞台中，如图 9-40 所示。

图9-38　放置的"图片2"　　　　　　　　图9-39　色彩效果设置

10）新建一图层并命名为"百叶窗遮罩"，在第80帧处插入关键帧，将库中的"百叶窗"影片剪辑拖入到舞台中，放置在"图片3"之上。

11）用鼠标右键单击"百叶窗遮罩"图层，在弹出的菜单中选择"遮罩"命令，以实现对"图片3"的百叶窗切换效果，效果如图9-41所示。

12）至此，百叶窗图片效果制作完毕，按〈Ctrl + Enter〉组合键可预览动画效果。

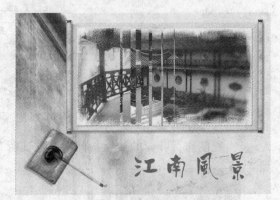

图9-40　放置的"图片3"　　　　　　　　图9-41　百叶窗效果

9.6　小结

本章介绍了遮罩动画的制作方法及注意要点。遮罩效果在 Flash 中有广泛的应用，是 Flash 设计中对元件或影片剪辑控制的一个重要部分，在设计动画时，首先要分清楚哪些元件需要运用遮罩，在什么时候运用遮罩，合理地运用遮罩效果会使动画看起来更流畅，元件与元件之间的衔接时间更准确，具有丰富的层次感和立体感。同时要注重遮罩的创新运用，这样才能制作出超乎想象的效果。

9.7　项目作业

1. 使用遮罩层动画制作一"闪闪红星效果"，效果如图9-42所示。
2. 使用提供的素材"动态加载 . fla"制作一网站加载过程动画，效果如图9-43所示。

图 9-42　闪闪红星效果图

61%

图 9-43　网站动态加载效果图

3. 使用提供的素材，使用遮罩效果制作一动画，效果如图 9-44 所示。

4. 使用提供的素材，使用遮罩效果制作一动画，效果如图 9-45 所示。

图 9-44　极限运动效果

图 9-45　梦幻许愿香水效果

第 10 章　应用其他媒体素材

10.1　应用图形素材

10.1.1　图片文件的类型

图像文件格式是指在计算机中表示、存储图像信息的格式。下面介绍 6 种常用的图像文件格式。

1. PSD 文件格式

PSD 格式是 Photoshop 软件的默认格式，也是唯一支持所有图像模式的文件格式，可以分别保存图像中的图层、通道、辅助线和路径信息。

2. BMP 文件格式

BMP 格式是 DOS 和 Windows 兼容的计算机上的标准图像格式，是英文 Bitmap（位图）的简写。BMP 格式支持 1~24 位颜色深度，使用的颜色模式有 RGB、索引颜色、灰度和位图等，但不能保存 Alpha 通道。BMP 格式的特点是包含图像信息较丰富，几乎不对图像进行压缩，其占用磁盘空间大。

3. JPEG 格式

JPEG 是一种高压缩比、有损压缩真彩色的图像文件格式，其最大特点是文件比较小，可以进行高倍率的压缩，因而在注重文件的大小的领域应用广泛，如网络上绝大部分要求高颜色深度的图像都使用 JPEG 格式。JPEG 格式支持 RGB、CMYK 和灰度颜色模式，它主要用于图像预览和制作 HTML 网页。

JPEG 格式是压缩率最高的图像格式之一，这是由于 JPEG 格式在压缩保存的过程中会以失真最小的方式丢掉一些肉眼不易察觉的数据，因此，保存后的图像与原图会有差别。此格式的图像没有原图像的质量好，所以不宜在印刷、出版等高要求的场合下使用。

4. AI 格式

AI 格式是 Illustrator 软件所特有的矢量图形存储格式。在 Photoshop 软件中将保存了路径的图像文件输出为 AI 格式，可以在 Illustrator 和 CorelDRAW 等矢量图形软件中直接打开并可以进行任意修改和处理。

5. GIF 格式

GIF 格式也是一种非常通用的图像格式，由于最多只能保存 256 种颜色，且使用 LZW 压缩方式压缩文件，因此，GIF 格式保存的文件不会占用太多的磁盘空间，非常适合 Internet 上的图片传输，GIF 格式还可以保存动画。

6. PNG 格式

PNG，图像文件存储格式，是一种新兴的网络图像格式，采用无损压缩的方式，其目的是试图替代 GIF 和 TIFF 文件格式，同时增加一些 GIF 文件格式所不具备的特性。PNG 用来存储灰度图像时，灰度图像的深度可多到 16 位，存储彩色图像时，彩色图像的深度可多到 48 位，并且还可存储多到 16 位的 α 通道数据。

10.1.2 导入图片及图片组

1. 导入图片

在编辑 Flash 动画时，单击菜单"文件"→"导入"→"导入到库"命令，会弹出导入对话框。在窗口内选择要导入的图片，然后单击"打开"按钮，图片即被导入到 Flash 元件库中。按住〈Shift〉键或〈Ctrl〉键，选择连续或不连续的多个图片，单击"确定"按钮可同时导入多张图片。如果选择菜单"文件"→"导入"→"导入到舞台"命令，则图片被导入到 Flash 元件库的同时，自动在舞台上建立了一个该图片元件的实例。

导入 PSD 格式的效果图到 Flash 中，首先使用 Flash 创建一个 Flash 文件，设置宽为 1024 像素、高为 768 像素，执行"文件"→"导入"→"导入到舞台"命令，选择素材文件夹中的"Flash CS5 动画制作案例教程主界面 .psd"图像文件，然后弹出"图像导入选项"对话框，如图 10-1 所示。单击"确定"按钮后，PSD 图像将以分层的方式导入到 Flash 中去。

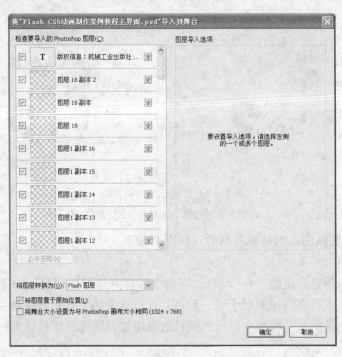

图 10-1 "图像导入选项"对话框

2. 导入图片组

图片组是指一组按顺序命名的图片，如 a1. jpg、a12. jpg、a13. jpg、…、a1n. jpg，但图片本身不一定存在特定联系。图片组的导入多用于将连续变化的图片导入到 Flash 中制成动画。这些连续变化的图片可以是连续的电影胶片、手绘卡通等。

值得注意的是，导入图片组跟在"导入"对话框中选择多个图片一起导入的结果是完全不同的。前者是将导入的图片分别放在连续的不同的关键帧之中，而后者则是将导入的多张图片放在一帧中。

10.1.3 位图转换为矢量图

Flash 可以将位图转换成矢量图，以便于做进一步的修饰。当位图转换成矢量图后，矢量图与原有位图将不存在任何连接关系。

在转换位图前可以设置各项转换参数，获得不同的转换效果。如果要求转换效果好，则需要较大的存储空间。如果导入的位图所包含的图形过于复杂，而转换的矢量图要求效果较高，那么转换后的矢量图可能会比原来的位图要大得多。所以，在位图转换过程中要兼顾图像质量及文件大小。

图 10-2 "转换位图为矢量图"对话框

将位图转换为矢量图的具体步骤为：先导入需要进行转换的位图，再单击菜单中"修改"→"位图"→"转换位图为矢量图"命令，弹出"转换位图为矢量图"对话框，如图 10-2 所示，转换前后的位图与矢量图如图 10-3 所示。

a)   b)

图 10-3　位图转换为矢量图

a）转换前的位图　b）转换后的矢量图

"转换位图为矢量图"对话框各参数选项介绍如下。

（1）颜色阈值

文本框中键入颜色容差值（1～500）。当两个像素点进行比较时，如果色彩值小于容差值时，这两个像素点将在转换后归于同一颜色。这意味着加大容差值将减少颜色数目，图像的质量下降，但文件的尺寸将减小；反之颜色数目增加，图像的质量较高，文件尺寸增大。

（2）最小区域

这个选项用来确定在进行转换时归于同一颜色的区域所包括像素点的最小值。文本框的数值范围为 1～1000。

（3）曲线拟合

在该列表框中选择合适的选项，可以确定转换时图像轮廓曲线的光滑程度。该下拉列表框中有 6 个选项：像素、很密集、密集、正常、光滑、很光滑。其中"像素"选项转换后的图像质量最高，"很光滑"选项转换后的图像质量最低。

（4）角阈值

确定在转化过程中对边角所采取的处理方法。在该下拉列表框中有 3 个选项：较多转角、一般、较小转角。

10.1.4　处理导入的图片

1. 分解位图

Flash 是一种矢量图形处理软件，但它也具有一定的位图处理能力，如可以使用魔术棒选择相近颜色、截取部分位图等。在对位图进行处理以前需要先将位图分解，分解位图方法是：先选择将要分解的位图，再单击菜单"修改"→"分离"命令，即可将位图分解。

2. 编辑位图

分解后的位图可以在 Flash 中进行处理，下面以去掉图像背景色为例，介绍 Flash 编辑位图的一种方法。

1）选择要处理的位图，单击菜单"修改"→"分离"命令或按快捷键〈Ctrl + B〉将其分解。

2）在工具箱中选择"套索工具"，在选项栏中选择"魔术棒"。

3）将鼠标移到位图上，光标此时变为魔术棒形状。用魔术棒在图片的背景上单击，选中背景，如图 10-4 所示，按〈Delete〉键删除背景，即可得到前景的图像，如图 10-5 所示。

图 10-4　魔术棒选择背景的效果　　　　图 10-5　删除背景后的效果

3. 位图填充其他对象

可以将分解的位图作为填充部分填充到其他的对象中，具体步骤如下。

1）在绘图工具栏选择点滴器。

2）将点滴器移到被打散的位图上，单击鼠标后鼠标变为"油漆桶工具"。

3）用油漆桶在被填充的区域单击，该区域填充为所选位图，如图 10-6 所示。

a)　　　　　　　　　　　　　　　b)

图 10-6　位图转换为矢量图

a）分离后的位图　b）用位图填充圆区域

当选择位图为填充部分后，其后所画的填充图形（如椭圆、矩形）的填充部分均为位图。

10.2 导入声音

10.2.1 导入声音文件

只有将外部的声音文件导入到 Flash 后，才能在 Flash 作品中加入声音效果。能直接导入 Flash 的声音文件类型，主要有 WAV 和 MP3 两种格式。另外，如果系统上安装了 Quick-Time4 或更高版本，就可以导入 AIFF 格式和只有声音而无画面的 QuickTime 影片格式。

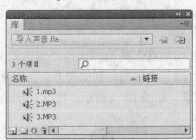

与导入位图文件一样，Flash 将导入的声音文件也保存在元件库中。

单击菜单中"文件"→"导入"→"导入到库"命令，会弹出"导入"对话框。它包含了所有可以被 Flash 导入的文件，在窗口内选择要导入的声音文件，单击"打开"按钮。声音文件随即被导入到 Flash 的库中，在 Flash 的库中显示出导入的声音文件，如图 10-7 所示。

图 10-7 "库"面板中的声音文件

10.2.2 引用声音文件

无论是采用导入舞台还是导入到库的方法，将声音从外部导入 Flash 中以后，时间轴并没有发生任何变化。必须在时间轴上引用声音对象，声音才能出现在时间轴上，并进一步应用声音。引用声音步骤如下。

1）将"图层 1"重命名为"背景音乐"，选择第 1 帧，然后将"库"面板中的声音对象拖动到场景中，如图 10-8 所示。

2）这时会发现"声音"图层第 1 帧出现一条短线，这就是声音对象的波形起始点，任意选择后面的某一帧，按下〈F5〉键，就可以看到声音对象的波形了，如图 10-9 所示。

图 10-8 将声音引用到时间轴上

图 10-9 图层上的声音

说明已经将声音引用到"背景音乐"图层了。这时按一下〈Enter〉键，就可以听到声音了，如果想听到效果更为完整的声音，可以按下〈Ctrl + Enter〉组合键进行测试。如果声音文件很长而在时间轴上显示的波形不完整，听起来声音还没有播放完就开始循环，这时可以按〈F5〉键延长时间轴帧数。

一个层中可以放置多个声音，但为了便于管理，建议一个声音对象使用一个层。播放时不同层的声音没有先后顺序，同一帧不同层中的声音将被一起播放。

10.2.3 编辑声音

在"背景音乐"图层的第 1 帧，打开"属性"面板，可以发现，"属性"面板中有很多设置和编辑声音对象的参数，如图 10-10 所示。

图 10-10 声音文件属性

- 名称：从中选择要引用的声音对象，这也是另一个引用声音的方法。
- 效果：从中选择内置的声音效果，如声音的淡入淡出等特效。
- "编辑…"按钮 ✐：单击此按钮可以进入到声音的编辑对话框中，对声音进行更进一步的编辑。
- 同步：可以选择声音和动画同步的类型，默认的类型是事件。还可以设置声音重复播放的次数。

1. 声音名称、效果与同步

单击"声音名称"列表框显示出当前帧的声音名。单击下拉列表框，在弹出的下拉列表中显示出可供选择的声音文件，如图 10-11 所示。

"效果"列表框用于设置声音的播放效果，单击下拉列表框，在弹出的下拉列表中显示出可供选择的声音文件，如图 10-12 所示。

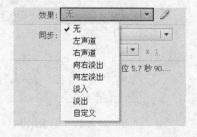

图 10-11 "名称"属性的下拉列表

图 10-12 "效果"属性的下拉列表

- 无：不对声音进行任何设置。
- 左声道：只播放声音的左声道。
- 右声道：只播放声音的右声道。
- 向右淡出：声音在播放时左声道逐渐减弱，右声道逐渐增强。
- 向左淡出：声音在播放时右声道逐渐减弱，左声道逐渐增强。
- 淡入：声音在播放时开始音量小，随后逐渐增大。
- 淡出：声音在播放时开始音量大，随后逐渐减小。

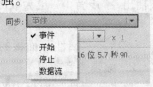

- 自定义：可以由用户自行编辑声音的变化效果，选择自定义选项与单击编辑按钮后，弹出编辑声音效果对话框。

"同步"列表框如图 10-13 所示，用于设置声音的同步模式。

图 10-13 "同步"属性的下拉列表

- 事件：这种方式是默认的同步方式，当动画播放到此声音的关键帧时，无论是否正在播放其他的声音，此声音即开始播放，而且独立于时间轴播放，即使动画结束还会继续播放声音，直至播放完毕。如果在下载动画的同时播放动画，则动画要等到声音下载完毕后才能开始播放；如果声音先下载完，则会将声音先播放出来。
- 开始：采用事件方式播放多个声音时，如果这些声音在时间上有重叠，就会产生多个声音同时播放的现象，使声音变得杂乱，不希望发生这种情况时，可以使用开始方式。当动画到了声音播放的帧时，如果没有其他的声音正在播放，该声音开始播放；如果此时有其他的声音正在播放，则会自动停止将要播放的声音，以避免声音的重叠。
- 停止：停止方式用于将声音停止。当动画播放到该方式的帧时，不但此声音不会播放，其他所有正在播放的声音均停止播放。
- 数据流：这种方式通常用在网络传输中，在这种方式下，动画的播放强迫与声音的播放同步。有时如果动画的传输速度较慢而声音的速度较快，动画会跳过一些帧进行播放。当动画播放完毕而声音还没有播放完毕，声音也会停止播放。使用"数据流"同步模式可以在下载的过程中同时进行播放，不必像"事件"同步模式那样必须等到声音下载完毕后才可以播放。

下面以一个例子说明使用不同方式播放时的效果。建立两个图层，分别命名为"声音1"和"声音2"，分别为这两个图层加载声音，调整它们的相对位置，如图10-14所示。

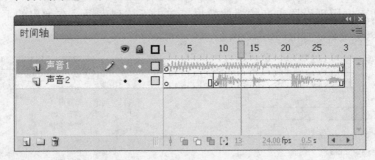

图10-14　两个时间重合的声音

如果"声音2"被设置为事件方式，则当动画播放到第10帧时，虽然"声音1"还未播完，"声音2"还会被播出，两个声音被重叠播出。

如果"声音2"被设置为开始方式，则当动画播放到第10帧时，由于"声音1"还未播完，"声音2"不会被播出。

如果"声音2"被设置为停止方式，则当动画播放到第10帧时，不但"声音2"不会被播出，"声音1"也会被停止。

"循环次数"指定声音循环播放的次数。如果要将此声音重复播放多次，首先选定声音帧，然后在"属性"面板的"循环"文本框中输入相应的次数。

2. 编辑声音效果

单击"属性"面板中的"编辑"按钮，弹出"编辑封套"对话框，如图10-15所示。

在对话框中，上半部分为左声道编辑区，下半部分为右声道编辑区，分别显示对应声道的声音波形。中间为时间轴，时间轴是以帧为单位显示的，拖动时间轴上的声音开始和结束控制杆可以方便地控制声音开始和结束的时间，即播放声音的某一段。

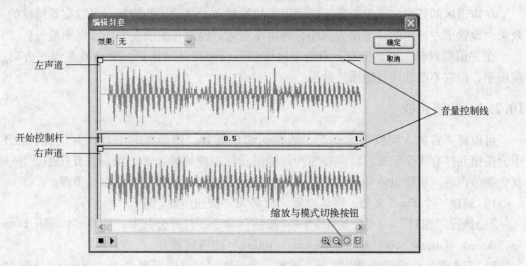

图 10-15 "编辑封套"对话框

单击效果栏右侧下拉按钮，弹出声音"效果"下拉列表，可以从中选择一种声音效果。如图 10-16 所示，声音从第 5 帧开始播放，并将其设置为"从左到右淡出"。

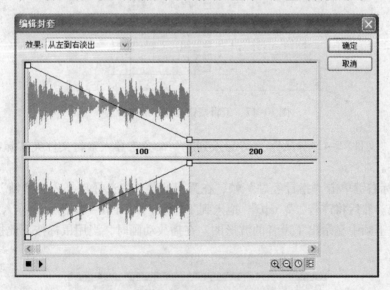

图 10-16 编辑声音"从左到右淡出"

音量控制线用于控制音量的大小，左、右声道的音量控制线都处于最高位置，表明音量在整个过程中都是最大的。选择效果栏中的"从左到右淡出"项，"编辑封套"对话框中的音量控制线发生相应变化。

由图中可以看出，左声道的音量控制线由高到低，控制左声道的音量逐渐减小，右声道的音量控制线由低到高，控制右声道的音量逐渐增强，实现了从左到右淡出的效果。

在控制线的两端有两个白色小方块，它们是音量控制点，可以用鼠标拖动这些小方块，改变音量的渐变速度。在拖动过程时，方块控制点会变为黑色，松开鼠标后控制点变回白色。

在声道区的任意一点单击鼠标均可以添加控制点，拖动这些控制点可以实现特殊的声音效果，设置了左声道的音量由大到小，再由小到大，经过几次反复后声音逐渐消失。

在"编辑封套"对话框右下角的缩放按钮可以改变显示比例，使声波在水平方向拉长或压缩，但它不改变声音的播放效果。

10.2.4　按钮声效

可以将声音加入到按钮元件上，给按钮添加音效，使操作时更具有互动性。在 Flash 中，按钮元件有 4 个状态，将声音加入到按钮元件相应的帧上，当鼠标在此按钮上单击时，就会播放声音。下面以将声音加载到"指针经过"帧为例，详细介绍操作步骤。

1）新建一个 Flash 文档，默认设置，命名为"按钮声效.fla"。

2）执行"窗口"→"公共库"→"按钮"命令，打开公共库，拖动"Classic Buttons"→"Arcade Buttons"→"Arcade Buttons – yellow"按钮到舞台。

3）双击进入此按钮的编辑状态。添加一个新图层，将图层更名为"声音"，如图 10-17 所示。

图 10-17　编辑按钮元件添加声音层

4）执行"文件"→"导入"→"导入到库"命令，导入素材文件夹"鼠标滑过声音"中的声效文件。

5）用鼠标右键单击"指针经过"帧，在弹出的菜单中选择"插入关键帧"命令，将此帧设为关键帧。然后将声音"2.mp3"拖入到工作区，如图 10-18 所示为拖入后的效果图，可以看出在按下帧中显示出了声音的波形图。在播放动画时，当用鼠标按下此按钮时，将播放此声音。

图 10-18　添加声音后的按钮元件时间轴

注意：这里必须将"同步"选项设置为"事件"，如果是"数据流"同步类型，那么声效将听不到。给按钮加声效时一定要使用"事件"同步类型。

10.3　导入视频

10.3.1　Flash 支持的视频类型

Flash 支持的视频类型会因为计算机安装的软件不同而不同，如果计算机安装了 Quick-Time 软件，则在导入视频时支持 MOV（QuickTime 影片）、AVI（音频视频交叉文件）和 MPG/MPEG（运动图像专家组文件）等格式的视频剪辑。

如果系统安装了 DirectX 9.0 或更高版本，则在导入嵌入视频时支持 AVI（音频视频交叉文件）、WMV（Windows Media 文件）、ASF（Windows Media 文件）和 MPG/MPEG（运动图像专家组文件）。

如果导入的视频文件是系统不支持的文件格式，那么 Flash 将显示一条警告消息，表示无法完成该操作。而在有些情况下，Flash 只能导入文件的视频，而无法导入音频，此时，也会显示警告信息，表示无法导入该文件的音频部分，但是仍然可以导入没有声音的视频。

FLV（Flash Video）是 Flash 专用的视频格式，这是一种流媒体格式。由于它形成的文件极小、加载速度极快，使得网络看视频成为可能。Flash 影片可以加载本地硬盘或者 Web 服务器上的 FLV 视频，有效地解决了视频文件导入 Flash 后，使导出 SWF 文件体积庞大，不能在网络上很好地使用等缺点。FLV 文件体积小巧，清晰的 FLV 视频 1min 在 1MB 左右，一部电影 100MB 左右，是普通视频体积的 1/3。再加上 CPU 占有率低、视频质量良好等特点，使其在网络应用中盛行。

10.3.2　视频在 Flash 中的应用方式

视频在 Flash 中有两种应用方式：一种方式是将视频直接嵌入到 Flash 动画中，另外一种方式是在 Flash 动画中加载外部视频文件。

与导入的位图和矢量图插入文件一样，嵌入的视频文件将成为 Flash 文档的一部分。以嵌入方式导入的视频文件最好是播放时间较短的视频剪辑。播放时间长度小于 10s 的视频文件在嵌入动画时，效果最好。如果视频文件体积太大，那么嵌入到 Flash 后，导出的 SWF 文件体积比较庞大。

除了将视频嵌入到 SWF 文件中进行应用外，还可以使用渐进式下载播放外部视频的功能。渐进式下载是将外部 FLV 文件加载到 SWF 文件中，并在运行时回放。与嵌入的视频相比，渐进式下载有如下优势：

1）创作过程中，只需要发布 SWF 界面，即可预览或测试 Flash 的部分或全部内容。因此能更快地预览，从而缩短重复试验的时间。

2）运行时，视频文件从计算机磁盘驱动器加载到 SWF 文件上，并且没有文件大小和持续时间的限制；不存在音频同步的问题，也没有内存的限制。

3）视频文件的帧频可以不同于 SWF 文件的帧频，从而更灵活地创建影片。

在制作渐进式下载播放外部视频影片时，可以导入已部署到 Web 服务器上的视频文件，也可以选择存储在本地计算机上的视频文件，导入到 FLA 文件后再将其上载到服务器上。

10.3.3　将视频嵌入到影片中

下面通过实际操作介绍将视频文件导入到 Flash 并嵌入到影片中的方法。

1）新建一个 Flash 文档，默认设置，命名为"视频嵌入到影片.fla"。

2）执行"文件"→"导入"→"导入到舞台"命令，导入素材图片"电视.jpg"到图层 1 中，调整适当的位置。

3）新建图层 2，执行"文件"→"导入"→"导入视频"命令，弹出"导入视频"对话框，这是一个导入视频的向导，在这个向导的指引下可以一步完成操作。

4）单击"文件路径"后的"浏览"按钮，选择"video"素材文件夹中的"dog.flv"文件，并选择"在 SWF 中嵌入 FLV 并在时间轴中播放"，如图 10-19 所示。

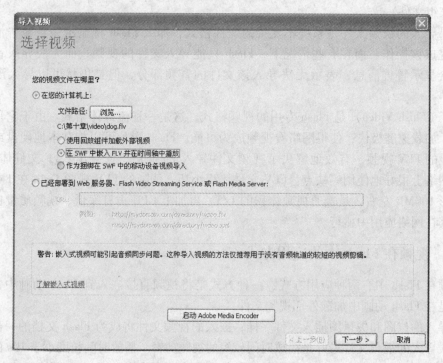

图 10-19　打开"导入视频"向导

5）单击"下一步"按钮，出现如图 10-20 所示的"嵌入"对话框。

"符号类型"下拉列表中包括"嵌入的视频"、"影片剪辑"、"图像"3 个选项。

- 嵌入的视频：选择这个选项，视频被导入后集成到时间轴。如果要使用在时间轴上线性回放的视频剪辑，最合适的方法就是选择"嵌入的视频"。
- 影片剪辑：选择这个选项，视频被导入到一个影片剪辑中。这样可以更加灵活地控制这个视频对象。
- 图形：选择这个选项，视频被导入到一个图形元件中。这样无法使用 ActionScript 与该视频进行交互。因此，很少希望将视频嵌入为图形元件。

6）单击"下一个"按钮，完成视频的导入。选择图层 1，在第 2 层的最后一帧处按〈F5〉键插入帧，保存文件，按〈Ctrl + Enter〉组合键后测试影片，效果如图 10-21 所示。

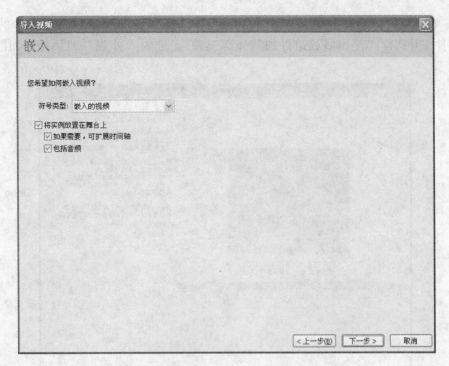

图 10-20 "嵌入"对话框

图 10-21 视频预览效果

10.3.4 渐进式下载播放外部视频

使用渐进式下载播放功能导入视频文件，视频文件将独立于 Flash 动画文件外，在需要更新视频文件内容时，只需要直接修改相应的视频文件，而无需对使用它的 SWF 文件进行再编辑，从而极大地提高了效率。下面通过具体范例介绍渐进式下载播放外部视频的方法。

1）新建一个 Flash 文档，默认设置，命名为"渐进式下载播放外部视频.fla"。

2）执行"文件"→"导入"→"导入到舞台"命令，导入素材图片"电视.jpg"到图层 1 中，调整适当的位置。

3）新建图层 2，执行"文件"→"导入"→"导入视频"命令，弹出"导入视频"

对话框，单击"文件路径"后的"浏览"按钮，选择"video"素材文件夹中的"溶解
.flv"文件，并选择"使用回放组件加载外部视频"，进入"外观"对话框，如图10-22
所示。

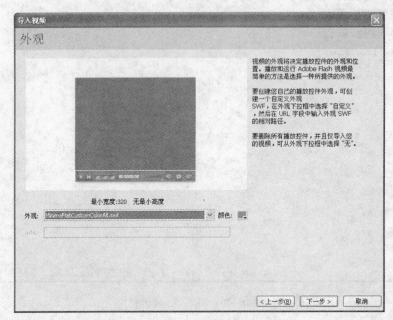

图 10-22　"外观"对话框

4）单击"下一步"按钮，完成视频的导入。保存文件，按〈Ctrl + Enter〉组合键后测
试影片，效果如图10-23所示。

图 10-23　视频预览效果

10.4　精彩实例：视频教程制作

通过本例，读者可以系统地学习视频教程类课件的制作过程。

1）新建一个Flash文档，在属性面板里面设置舞台工作区的宽度为1024像素、高度为
768像素，背景色为黑色，并将其命名为"直线度误差测量课件.fla"。

2）执行"文件"→"导入"→"导入到舞台"命令，通过"导入"对话框，给舞台工作区导入背景图片"背景.jpg"，如图10-24所示，给第1层命名为背景层。

3）新建图层2并命名为"视频背景"，执行"文件"→"导入"→"导入到舞台"命令，导入素材图片"电视.jpg"到图层1中，调整到合适位置，如图10-25所示。

图10-24　导入课件背景效果

图10-25　导入课件视频背景效果

4）新建图层3并命名为"视频课件"，执行"文件"→"新建元件"命令，创建"video"影片剪辑。执行"文件"→"导入"→"导入视频"命令，弹出"导入视频"对话框，单击"文件路径"后的"浏览"按钮，选择"video"素材文件夹中的"zxdwccl.flv"文件，选择"在SWF中嵌入FLV并在时间轴中播放"，也可以使用回放组件加载外部视频（后者更好）。

5）使用鼠标拖动"video"影片剪辑到舞台，然后调整影片剪辑的位置，调整后的效果如图10-26所示。

6）新建图层4并命名为"文本背景"，使用"矩形工具"绘制矩形背景（填充颜色为渐变，自行设置）。

7）新建图层5并命名为"文本说明"，使用"文本工具"输入"直线度误差测量"相关的介绍。

8）保存文件，按〈Ctrl + Enter〉组合键后测试影片，效果如图10-27所示。

图10-26　导入视频后的效果

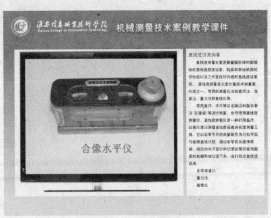

图10-27　课件最终效果

注意：如果想让课件满屏显示，可以选择第 1 帧，然后按〈F9〉键调出"动作"面板，然后输入如下代码：

```
fscommand("fullscreen","true");
fscommand("allowscale","false");
```

再次预览即可实现课件的满屏效果。

10.5　小结

本章介绍了 Flash 中的图片文件的分类、导入图片的方法、将位图转换为矢量图的方法及其参数的设置、处理导入图片的方法，之后系统学习了声音文件的分类、制作帧声音的方法、帧声音的设置方法、视频的分类与导入 Flash 的方法与技巧。

10.6　项目作业

1. 根据作业素材文件提供的声音文件与素材文件，将声音文件加载到片头中，同时制作一个声效按钮，效果如图 10-28 所示。

2. 根据作业素材文件提供的视频文件，制作一个视频播放多媒体教学课件，如图 10-29 所示。

图 10-28　片头动画效果

图 10-29　课件界面

第 11 章　动作脚本应用

11. 1　ActionScript 开发环境

随着 Flash CS5 版本的升级，Flash 的脚本语言 ActionScript 也升级到了 3. 0 版本。Flash CS5 支持两个版本的脚本语言：ActionScript 2. 0 和 ActionScript 3. 0。ActionScript 3. 0 是开发计算机交互应用程序的首选，它的开发效率高、程序运行速度快。但是很多编程人员仍喜欢使用 ActionScript 2. 0 进行程序开发，为了开发平台的延续和兼容，Flash CS5 仍支持 ActionScript 2. 0 文档的开发。本书注重强调 Flash 的动画设计与制作，所以采用 ActionScript 2. 0 进行开发。

Flash CS5 提供了强大的 ActionScript 开发环境，主要通过"动作"面板以及它右侧的"脚本"窗口来完成开发。

11. 1. 1　ActionScript 的首选参数

使用 ActionScript 前，首先要进行相关的开发参数设置。进入 Flash CS5 后，执行"编辑"→"首选参数"命令，弹出"首选参数"对话框，在"类别"列表中单击 ActionScript。在这里对动作脚本的字体、颜色等将进行设置，保证编写动作脚本时有一个合适自己的视觉感受，如图 11-1 所示。

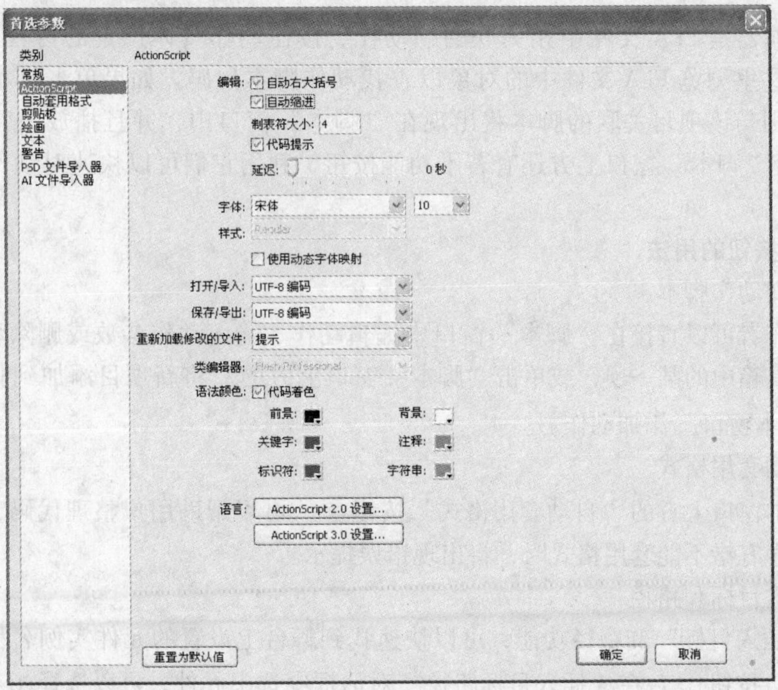

图 11-1　"首选参数"对话框

11.1.2 "动作"面板

Flash 提供了一个专门处理动作脚本的编辑环境——"动作"面板。默认情况下，"动作"面板自动出现在 Flash 的下面，如果"动作"面板没有显示出来，那么可以执行"窗口"→"开发面板"→"动作"命令来显示，也可以按〈F9〉键调出。

1. ActionScript 2.0 的"动作"面板

"动作"面板是 Flash 的程序编辑环境，它由三部分组成。左上角部分是"动作工具箱"，每个动作脚本语言元素在该工具箱中都有一个对应的条目；左下角是"脚本导航器"；右侧部分是"脚本"窗口，这是输入代码的区域。如图 11-2 所示。

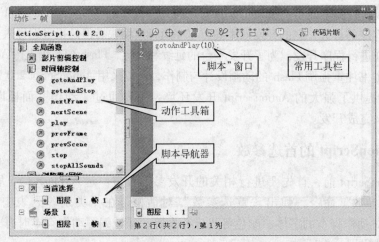

图 11-2 "动作"面板

脚本导航器是 FLA 文件中相关联的帧动作、按钮动作具体位置的可视化表示形式，大家可以在这里浏览 FLA 文件中的对象以查找动作脚本代码。如果单击脚本导航器中的某一项，则与该项目关联的脚本将出现在"脚本"窗口中，并且播放头将移到时间轴上的该位置。"脚本"窗口上方还有若干功能按钮，利用它们可以快速对动作脚本实施一些操作。

2. 功能按钮的用法

（1）添加动作脚本

动画制作者可以直接在"脚本"窗口中编辑动作、输入动作参数或删除动作；还可以双击动作工具箱中的某一项，或单击"脚本"窗口上方的"将新项目添加到脚本中"按钮 ，向"脚本窗口"添加动作。

（2）自动套用格式

单击脚本窗口上方的"自动套用格式"按钮 ，可以帮助用户整理代码，使代码规范易读。当程序有错不能套用格式时，将出现错误提示。

（3）插入目标和路径

通过"插入目标"和路径功能，可以快速找到舞台上设置的元件实例名称。单击"插入目标路径"按钮 ，在"插入目标路径"对话框中选中元件，可以选择相对和绝对两种方式。"绝对"是以主时间轴为基础层层寻找；"相对"是以自身元件为基础。

（4）语法检查

"语法检查"按钮 ✓ 是对现有"动作"面板上的脚本进行检查。如果有误，将会在"输出"窗口显示出错原因。

、（5）脚本注释

把光标定位在"动作"面板中需要解释的脚本语句上，单击"脚本参考"按钮 ⬚，可以弹出帮助面板，里面有该条语句的详细解释。

3. 代码提示

在"动作"面板中编辑动作脚本时，Flash 可以检测到正在输入的动作并显示代码提示，即包含该动作完整语法的工具提示，或列出可能的方法或属性名称的弹出菜单。

一种是在需要括号的元素后键入一个左括号，则显示代码提示；另一种是通过变量或对象名后键入句点显示。但是变量的命名一定要符合后缀的命名规则才能显示代码提示，变量命名常用后缀如表 11-1 所示。

表 11-1　变量命名常用后缀

对 象 类 型	变 量 后 缀	对 象 类 型	变 量 后 缀
影片剪辑	_mc	数组	_array
按钮	_btn	颜色	_color
声音	_sound	字符串	_str
文字	_txt	日期	_date

11.2　ActionScript 2.0 基础

11.2.1　关于 ActionScript 2.0

1. 常量

常量是指在程序运行中不会改变的量。逻辑常量 True 和 False 在编程的时候也会经常用到。

2. 变量

顾名思义，变量就是程序运行中可以改变的量。在编写程序时往往需要存储很多的信息，这时就需要变量来存储这些信息。

变量可以存放任何数据类型，包括数字值、字符串值、逻辑值、对象或电影剪辑等。

存储在变量中的信息类型也很丰富，包括 URL、地址、用户名、数学运算结果、事件发生的次数或按钮是否被单击等。

变量可以创建、修改和更新。变量中存储的值可以被脚本检索使用。在以下示例中，等号左边的是变量标识符，右边的则是赋予变量的值：

```
x = 5;
name = "Lolo";
customer. address = "66 7th Street";
c = new Color( mcinstanceName);
```

变量由两部分构成：变量名和变量的值。下面来看看变量如何使用。

（1）变量命名与规则

变量名必须符合以下原则：

- 变量的名称必须以英文字母开头。
- 变量的名称中间不能有空格，像 box color 就是一个错误的示范。如果想用两个单词以上的单字来命名变量，可以在名称中间加上下画线，如 box_color。
- 变量的名称中不能使用除了"_"（下画线）以外的符号。
- 不能使用与命令（关键字）相同的名称，如 var、new 等，以免程序出现错误。
- 变量的名称最好能达到"见名知意"的效果，尽量使用有意义的名称，而避免使用意义不明的名称。

（2）变量的类型

变量的类型包括存储数值、字符串或其他数据类型。

在 Flash 中，可以不直接定义变量的数据类型。当变量被赋值时，Flash 自动确定变量的数据类型。例如：

$x = 3;$

在表达式 $x = 3$ 中，Flash 将取得运算符右边的值，确定它是数值类型。此后的赋值语句又可能改变 x 的类型。例如，$x = "hello"$ 语句可以将 x 的数据类型改为字符串值。没有赋值的变量，其数据类型为 undefined。

ActionScript 会在表达式需要时自动转换数据类型。例如，在和字符串连用时，加号（+）运算符会将其他运算项也转换成字符串。

"number" + 7

ActionScript 将数字 7 转换为字符串"7"，然后添加到第一个字符串的末尾，得到的结果是以下字符串：

"number7"

（3）变量的作用域

变量的作用域是指能够识别和引用该变量的区域。也就是变量在什么范围内是可以访问的。在 ActionScript 中有以下 3 种类型的变量区域。

- 本地（局部）变量：在自身代码块中有效的变量（在大括号内）。就是在声明它的语句块内（如一个函数体）是可访问的变量，通常是为避免冲突和节省内存占用而使用。
- 时间轴变量：可以在使用目标路径指定的任何时间轴内有效。时间线范围变量声明后，在声明它的整个层级（Level）的时间线内它是可访问的。
- 全局变量：即使没有使用目标路径指定，也可以在任何时间轴内有效。就是在整个影片中都可以访问的变量。

注意它们的区别：全局变量可以在整个 Movie 中共享；局部变量只在它所在的代码块（大括号之间）中有效。

（4）声明和使用变量

使用变量前，最好使用 var 命令先加以声明。在声明变量的时候，一般要注意以下内容：

- 要声明常规变量，可使用 Set Varible 动作或赋值运算符（=），这两种方法获得的结果是一样的。
- 要声明本地变量，可以在函数主体内使用 var 语句。例如：

    varmyNumber = 7;

    varmyString = "Flash CS 5.0 ActionScript 2.0";

- 要声明全局变量，可以在变量名前面使用_global 标识符。例如：

    _global. myName = "Global";

如果要在表达式中使用变量，则必须先声明该变量。如果使用了一个未声明的变量，则变量的值将是 undefined，脚本也将产生错误。

例如：

    getURL(myWebSite);

    myWebSite = "http://bbs. flasher123. com/";

这段程序代码没有在使用变量 myWebSite 前声明它，结果就会出现问题。所以声明变量 mywebSite 的语句必须首先出现，只有这样，getURL 动作中的变量才能被替换。

在脚本中，变量的值可以多次修改。

3. 函数

函数是在程序中可以重复使用的代码，可以将需要处理的值或对象通过参数的形式传递给函数，然后由函数得到结果。从另一个角度说，函数存在目的就是为了简化编程的负担，减小代码量和提高效率。

（1）系统函数

所谓系统函数，就是 Flash 内置的函数，用户在编写程序的时候可以直接拿来使用。下面是一些常用的系统函数。

String：将数字转换为字符串类型。

Eval：函数返回由表达式指定和变量的值。

Getproperty：返回指定电影剪辑的属性。

Number：转换函数，将参数转换为数据类型。

GetTimer：影片开始播放以来经过的毫秒数。

Object：转换函数，将参数转换为相应的对象类型。

Array：转换函数根据参数构造数组。

（2）自定义函数

除了系统函数，大家在编写程序时还需要自己定义一些函数，用这些函数去完成指定的功能。在 Flash 中定义函数的一般形式为：

    function 函数名称(参数1,参数2,…,参数n){

    //函数体,即函数的程序代码

    }

假设要定义一个计算矩形面积的函数，可以采用下列格式：

    functionareaOfBox(a,b) {//自定义计算矩形面积的函数

```
        return a * b; //在这里返回结果,也就是得到函数的返回值
    }
```

自定义了函数以后,就可以随时调用并执行它了。调用执行函数的一般形式为:

    函数名称(参数1,参数2,……,参数n);

假设程序中要调用上面自定义的 areaOfBox( ) 函数,可以采用下列语句:

    area = areaOfBox(3,6);

    trace("area = " + area);

函数就像变量一样,被附加给定义它们的电影剪辑的时间轴,必须使用目标路径才能调用它们。此外还可以使用_global 标识符声明一个全局函数,全局函数可以在所有时间轴内有效,而且不必使用目标路径,这和变量很相似。

4. 语法规范

(1)关键字

关键字是 ActionScript 程序的基本构造单位,它是程序语言的保留字(Reserved Words),不能被作为其他用途(不能作为自定义的变量,函数,对象名)。

(2)运算符

运算符指定如何合并、比较或修改表达式中值的字符。也就是说通过运算来改变变量的值。

运算符所操作的元素被称为运算项,例如,i + 3 中 + 就是运算符,i 和 3 就是运算项。

运算符包括以下几种。

- 算术运算符: +(加)、*(乘)、/(除)、%(求余数)、-(减)、++(递增)、--(递减)。
- 比较运算符: <(小于)、>(大于)、<=(小于或等于)、>=(大于或等于)。
- 逻辑运算符: &&(逻辑"和")、||(逻辑"或")、!(逻辑"非")。

(3)表达式

在 ActionScript 中最常见的语句就是表达式,它通常由变量名、运算符及常量组成。算术表达式、字符表达式和逻辑表达式是常见的 3 种表达式。

1)算术表达式:用算术运算符(加、减、乘、除)做数学运算的表达式。

2)字符表达式:用字符串组成的表达式。

用加号运算符" + "在处理字符运算时有特殊效果。它可以将两个字符串连在一起。例如:

    "恭喜过关," + "Donna!"

得到的结果是"恭喜过关,Donna!"。如果相加的项目中只有一个是字符串,则 Flash 会将另外一个项目也转换为字符串。

3)逻辑表达式:逻辑运算符就是做逻辑运算的表达式。例如,1 > 3,返回值为 false,即 1 大于 3 为假。逻辑运算符通常用于 if 动作的条件判断,确定条件是否成立。

(4)代码书写格式

在编写程序代码的时候,还要注意一些代码书写的格式,一些不起眼的细节问题往往是整个程序问题的罪魁祸首。

- ActionScript 的每行语句都以分号";"结束。长语句允许分多行书写，即允许将一条很长的语句分割成两个或更多代码行，只要在结尾有个分号就行了。
- 字符串不能跨行，即两个引号必须在同一行。
- 双斜杠后面是注释，在程序中不参与执行，用于增加程序的可读性。
- ActionScript 是区分大小写字母的。

5. 动作

动作是在播放 SWF 文件时，指示 SWF 文件执行某些任务的语句。例如，gotoAndStop ()将播放头放置到特定的帧或标签。

6. 帧动作和对象动作

帧动作是指在关键帧上才能添加的动作脚本。有脚本的关键帧上有字母"a"标识。方法是选中要添加脚本的关键帧，打开"动作"面板在脚本编辑区添加。

11.2.2　程序流程控制

流程控制就是控制动画程序的执行顺序。Flash 动画中如果没有脚本控制，就会按时间轴的顺序逐帧播放直到动画结束。为了能够更好地控制动画，就必须使用脚本语句。如果想按读者的意图，执行那必须注意程序流程了。

除了顺序执行外，常用的程序流程控制结构是选择和循环结构。

1. 选择结构

选择结构主要分为 if 语句、switch 语句、if…else 语句 3 种。

1）if 语句结构如下：

```
if(条件){
    表达式语句;
}
```

2）switch 语句结构如下：

```
switch(表达式){
    case :表达式
    [语句:]
}
```

3）if…else 语句结构如下：

```
if(条件){
    表达式语句;
} else if(条件){
    表达式语句;
}
```

2. 循环结构

循环结构主要分为 while 循环、do…while 循环、for 循环 3 种。

（1）while 循环结构

while 循环结构语句如下：

```
while(条件){
```

表达式语句；}

在运行该语句块之前，首先测试条件；如果测试返回 true，则运行该语句块。如果该条件为 false，则跳过该语句块，并执行 while 动作语句块之后的第 1 条语句。

通常当计数器变量小于某指定值时，使用循环执行动作。在每个循环的结尾递增计数器的值，直到达到指定值为止。此时，测试条件不再为 true，因此循环结束。

（2）do…while 循环结构

do…while 循环结构语句如下：

```
do {
    语句块；}
while(条件表达式)
```

（3）for 循环结构

1）for 语句

```
for(初始化表达式 1,条件表达式,表达式 2){
语句块；
}
```

这种循环结构首先计算一次初始化表达式 1，然后按照以下顺序开始循环序列：只要条件表达式的计算结果为 true，就执行语句块，然后计算下一个表达式 2。

2）for…in 语句

```
for(迭代变量 in 对象名称){
    语句块；}
```

循环通过数组中对象或元素的属性，并为对象的每个属性执行语句块。

11.3 事件处理

事件是 SWF 文件播放时发生的动作。例如，在加载影片剪辑，播放头进入帧，用户单击按钮或影片剪辑，或者用户按下键盘键时，会产生不同的事件。只要用户单击鼠标或按下某个按键，就生成一个事件。这些类型的事件通常称为用户事件，因为这些事件是为响应最终用户的某一操作而生成的。大家可以编写动作脚本以响应或处理这些事件。例如，在用户单击按钮时，大家可能想要将播放头发送到 SWF 文件中的其他帧，或者将新网页加载到浏览器。在 SWF 文件中，按钮、影片剪辑和文本字段都生成可以响应的事件。动作脚本提供 3 种方法来处理事件：事件处理函数方法（事件句柄）、事件侦听器以及 on（）和 onClipEvent（）处理函数。

11.3.1 事件的分类与处理事件的方法

Flash 中的事件包括用户事件和系统事件两类。用户事件是指用户直接与计算机交互操作而产生的事件，如鼠标单击或按下键盘等事件；系统事件是指 Flash Player 自动生成的事件，它不是由用户生成的，如影片剪辑在舞台上第一次出现或播放头经过某个关键帧等。一般情况下，在以下几种情况下会产生事件：

- 当在时间轴上播放到某一帧时。
- 当载入或卸载某个影片剪辑时。
- 当单击某个按钮或按下键盘上的某个键时。

为使应用程序能够对事件做出反应，必须编写相应的事件处理程序。事件处理程序是与特定对象和事件相关联的动作脚本。例如，当用户单击舞台上的一个按钮时，可以将播放头前进到下一帧。

11.3.2 on( )函数和 onClipEvent( )函数

on( )函数和 onClipEvent( )函数是直接应用在对象上的事件处理方式，这种方式只有在 ActionScript 2.0 或者更低的版本中才可以使用，在 ActionScript 3.0 中就不能使用了。

1. on( )函数

on( )函数是最传统的事件处理方法。它一般直接作用于按钮实例，也可以作用于影片剪辑实例。

on( )函数的一般形式为：

```
on(鼠标事件){
    //程序,这些程序组成的函数体响应鼠标事件
}
```

其中鼠标事件是"事件"触发器，当发生此事件时，执行事件后面大括号中的程序。例如，press 就是一个常用的鼠标事件，它是在鼠标指针指向并按下按钮时产生的事件。

在编写程序时，Flash 会自动提示 on( )函数的事件名称，在一个按钮实例的"动作"面板中输入 on 时，会自动弹出鼠标事件和按钮事件列表，如图 11-3 所示。

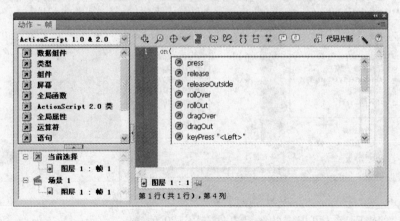

图 11-3 on( )函数的事件

按钮可以响应鼠标事件，还可以响应 keyPress（按键）事件。对于按钮而言，可指定触发动作的按钮事件有以下 7 种。

- press：事件发生于鼠标指针在按钮上方，并按下鼠标左键时。
- release：事件发生于在按钮上方按下鼠标左键，接着松开鼠标左键时。也就是"单击"。
- releaseOutside：事件发生于在按钮上方按下鼠标左键，接着把鼠标指针移到按钮之

外，然后松开鼠标左键时。

- rollOver：事件发生于鼠标滑入按钮时。
- rollOut：事件发生于鼠标滑出按钮时。
- dragOver：事件发生于按着鼠标左键不放，鼠标滑入按钮时。
- dragOut：事件发生于按着鼠标不放，鼠标滑出按钮时。
- keyPress：事件发生于用户按下指定的按键时。例如：

```
on(keyPress"〈delete〉") {
    trace("按了删除键");
}
```

2. onClipEvent() 函数

onClipEvent() 函数与 on() 函数不同，它只能作用于影片剪辑实例，相关的代码放在影片剪辑实例的"动作"面板中。如果把 onClipEvent() 事件处理函数用于按钮实例，Flash 会提示影片剪辑事件只允许用于影片剪辑实例的错误信息。

onClipEvent() 函数的一般形式为：

```
onClipEvent(事件名称) {
    //程序
}
```

编写程序时，Flash 会自动提示 onClipEvent() 的事件名称，在一个影片剪辑实例的"动作"面板中输入 onClipEvent() 时会弹出事件列表，如图 11-4 所示。

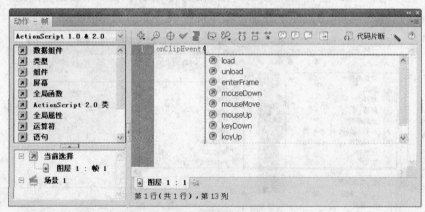

图 11-4　onClipEvent() 函数的事件

对于影片剪辑而言，可指定的触发事件有以下 9 种。

- load：影片剪辑一旦被实例化并出现在时间轴中，即启动这个事件。
- unload：在时间轴中删除影片剪辑之后，在第 1 帧中启动。在受影响的帧附加任何动作之前，先处理与 unload 影片剪辑事件关联的动作。unload 事件与 load 事件刚好相反，当影片剪辑实例在时间轴上消失时才会发生。
- enterFrame：以影片剪辑帧频不断触发事件的发生。首先处理与 enterFrame 影片剪辑事件关联的动作。enterFrame 事件其实是一个不断执行的程序，执行的速度取决于帧频。
- mouseMove：每次移动鼠标时启动。_xmouse 和 _ymouse 属性用于确定当前鼠标位置。

- mouseDown：当按下鼠标左键时启动。
- mouseUp：当释放鼠标左键时启动。
- keyUp：当按下某个键时启动。
- data：当用 loadVaraiables( ) 函数或 loadMovie( ) 函数接收数据时启动。当与 loadVari- able( ) 函数一起指定时，data 事件只在加载最后一个变量时发生一次；当与 loadVari- able( ) 函数一起指定时，获取数据的每一部分时，data 事件都重复发生。

11.4　精彩实例 1：浪漫的雪

在该实例中，使用程序控制的雪花从天空中洋洋洒洒地飘落下来。具体步骤如下：

1）新建一个 Flash 文档，默认其大小，设置背景色为黑色，并命名为"浪漫的雪 . fla"。

2）按〈Ctrl + F8〉组合键新建影片剪辑符号并命名为"snow"。单击"确定"按钮进入符号编辑区域。

3）使用"铅笔工具"在图层 1 的第 1 帧绘制一个雪花图形，如图 11-5 所示。

4）回到主场景编辑区。在图层 1 的第 1 帧插入影片剪辑"snow"，如图 11-6 所示。

图 11-5　影片剪辑"snow"

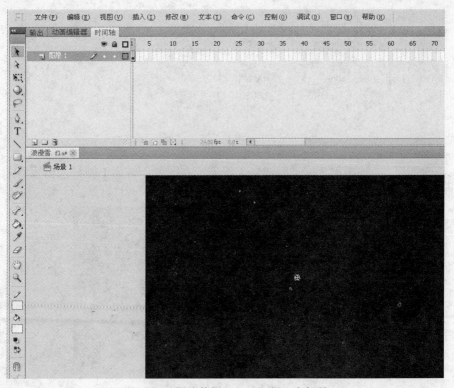

图 11-6　影片剪辑"snow"插入主场景

5）选择影片剪辑"snow"，在"动作"面板中加入复制雪花和设置雪花属性的脚本：

```
onClipEvent( load ) {
    this. _visible = false;
    var num = 70;
    for( var i = 1; i <= num; i ++ ) {
        _root. attachMovie( "snow" ,"snow" + i,i);
        var scale = random( 60 ) + 41;
        _root[ "snow" + i]. _alpha = random( 100 );
        _root[ "snow" + i]. _xscale = scale;
        _root[ "snow" + i]. _yscale = scale;
        _root[ "snow" + i]. _x = random( 550 );
        _root[ "snow" + i]. _y = - random( 400 );
        _root[ "snow" + i]. _rotation = random( 360 );
        _root[ "snow" + i]. dir = - random( 180 );
        _root[ "snow" + i]. v = random( 2 ) + 2;
    }
}

onClipEvent( enterFrame ) {
    for( var i = 1; i <= num; i ++ ) {
        _root[ "snow" + i]. _x + = Math. cos( _root[ "snow" + i]. dir );
        _root[ "snow" + i]. _y + = _root[ "snow" + i]. v;
        if( _root[ "snow" + i]. _x〉550 ) {
            _root[ "snow" + i]. _x = 0;
        }
        if( _root[ "snow" + i]. _x < 0 ) {
            _root[ "snow" + i]. _x = 550;
        }
        if( _root[ "snow" + i]. _y〉400 ) {
            _root[ "snow" + i]. _y = 0;
        }
    }
}
```

6）新建图层 2，将图层 2 拖动到图层 1 下方，在图层 2 的第 1 帧导入雪夜背景的图片，保存文件，预览动画，如图 11-7 所示。

图 11-7　动画效果预览

11.5 精彩实例 2：下载进度条

一个复杂、细节繁多的动画作品其体积不会太小，为了让保证流畅地观看，制作一个下载进度绝对是有必要的，本例将学习如何获取下载数据以及制作下载进度条。

1）新建一个 Flash 文档，设置宽为 550 像素，高为 150 像素，背景色为深灰色（#666666），并命名为"下载进度测试 . fla"。

2）选择图层 1 并重命名为"百分比"，然后在工作区中插入动态文本框，在"属性"面板中为其设置变量名称"baifenbi"，如图 11-8 所示。

3）新建图层 2 并重命名为"影片"，然后在工作区内绘制如图 11-9 所示的矩形。这个矩形不要绘制得太宽。

图 11-8 动态文本属性设置

图 11-9 绘制"影片"层的矩形框

4）选择刚刚绘制的矩形，按〈F8〉键将其转换成名为"进度"的影片剪辑元件。

5）选择影片剪辑"进度"，在"属性"面板中为其设置实例名称"jindutiao"，如图 11-10 所示。

6）增加一个图层，命名为"动作"，在第 1 帧输入以下代码：

图 11-10 影片剪辑"进度"属性设置

```
total = _root. getBytesTotal( );
loaded = _root. getBytesLoaded( );//定义变量存放全量、当前下载量
kkk = int( ( loaded/total) * 100);
setProperty( "jindutiao" ,_xscale,kkk);
baifenbi = kkk + "%" ;//计算下载进度的百分比
```

7）选择第 2 帧插入关键帧并输入以下代码：

```
if( kkk == 100) {//当存放下载进度的变量为 100 时跳转至第 3 帧,否则跳转至第 1 帧
    gotoAndPlay(3);
} else {
    gotoAndPlay(1);
}
```

8）选择第 3 帧插入关键帧并输入代码：

gotoAndPlay("ooo",1);//跳转至场景"ooo"的第1帧进行播放

9）按〈Shift + F12〉组合键打开"场景"面板，单击"添加场景"按钮，增加一个新场景并将其命名为"ooo"，如图11-11所示。

10）选择"ooo"场景，执行"文件"→"导入"→"导入到舞台"命令，导入"als. mp3"文件，然后在工作区内输入需要的文字或动画，如图11-12所示。

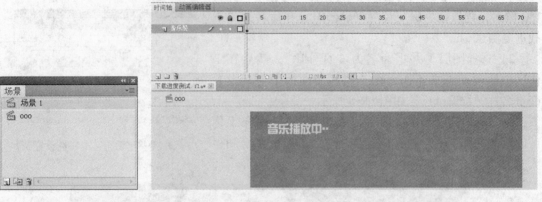

图11-11　"场景"面板　　　　　　图11-12　场景"ooo"中导入音频后的效果

11）按〈Ctrl + Enter〉组合键进行测试，执行"视图"→"模拟下载"命令，就可以对下载进行测试，执行"视图"→"下载设置"命令可以设置下载速度。最终效果如图11-13所示。

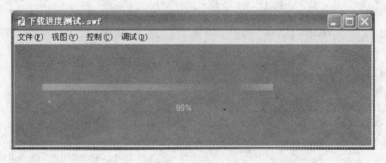

图11-13　"下载进度"演示效果

11.6　精彩实例3：时钟的制作

本例通过获取时间函数，来制作时钟的效果，具体步骤如下：

1）新建一个Flash文档，设置宽为360像素，高为337像素，背景色为白色，并命名为"时钟. fla"。

2）执行"文件"→"导入"→"导入到舞台"命令，将素材文件夹中的"钟. jpg"图片导入到工作区中，将其拖放在工作区中间的位置，如图11-14所示。

3）选择导入的图片"钟. jpg"，按〈F8〉键，将其转换成名为"钟表面"的影片剪辑元件。

4）进入影片剪辑"钟表面"的编辑状态，将图层 1 重命名为"刻度层"，如图 11-15 所示。

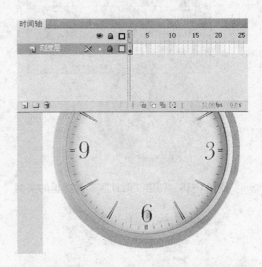

图 11-14　导入钟图片　　　　　　图 11-15　"钟表面"编辑"刻度层"

5）添加一个图层，将其命名为"时针层"，并在工作区内绘制如图 11-16 所示的图形。

6）按〈F8〉键将其转换成名为"时针"的影片剪辑元件，以同样的方式绘制秒针与分针，并转换为影片剪辑，如图 11-17 所示。

图 11-16　创建"时针"影片剪辑　　　图 11-17　创建"秒针"与"分针"影片剪辑

7）选择影片剪辑"时针"，在其"属性"面板中，添加其实例名称为"sz"，如图 11-18 所示。

8）按同样的方式为影片剪辑元件"分针"添加实例"fz"，为影片剪辑元件"秒针"添加实例名称为"mz"，如图 11-19 所示。

9）单击"返回场景"按钮　，返回到主场景中，选择影片剪辑元件"钟表面"，按〈F9〉键打开"动作"面板，输入以下代码：

图 11-18　创建"时针"影片剪辑的实例

图 11-19　创建"秒针"影片剪辑的实例

```
onClipEvent(load) {
    tm = new Date();
}
//设置一个变量为新的时间数据
onClipEvent(enterFrame) {
    Hour = tm. getHours();
    Minute = tm. getMinutes();
    Second = tm. getSeconds();
    //获取系统的当前"时"、"分"、"秒"
    if(Hour>12) {
        Hour = Hour - 12;
    }
    if(Hour < 1) {
        Hour = 12;
    }
    //将24 小时制转换为12 小时制
    Hour = Hour * 30 + int(Minute/2);
    Minute = Minute * 6;
    Second = Second * 6;
    setProperty("sz",_rotation,Hour);
    setProperty("fz",_rotation,Minute);
    setProperty("mz",_rotation,Second);
    //将获取的当前时间转换成针的角度,例如"秒针"有60 次转动,而一个圆周为360°,所以设
置了Second * 6,15s 的时候"秒针"的角度是15 * 6,35s 的时候"秒针"的角度是35 * 6
    delete tm;
    tm = new Date();
}
```

10）按〈Ctrl + Enter〉组合键进行测试，最终效果如图 11-20 所示。

图 11-20 "时钟"演示效果

11.7 小结

本章介绍了 Flash 中的 ActionScript 开发环境、"动作"面板、ActionScript 2.0 基础、程序流程控制、事件流程处理方式等,通过几个实例了解 ActionScript 的应用。

11.8 项目作业

1. 根据"浪漫的雪"动画原理,根据素材模拟制作"枫叶纷飞"效果,如图 11-21 所示。

2. 根据"浪漫的雪"动画原理,根据素材模拟制作"雪夜贺卡"效果,如图 11-22 所示。

图 11-21 "枫叶纷飞"效果演示

图 11-22 "雪夜贺卡"效果演示

第 12 章 模板与组件应用

12.1 模板应用

Flash CS5 自带了若干模板，用户在动画制作时可以将自己喜欢的 Flash 文档保存为模板。使用这些模板可以迅速地创建符合特殊要求的 Flash 动画。

12.1.1 Flash 中的模板

Flash 模板是一种文档类型，在打开模板时会创建模板的本身副本，利用此副本可以简化动画的制作，提高工作效率。在 Flash 欢迎界面的"从模板创建"选项中，可以看到 Flash CS5 预设的模板，如图 12-1 所示。选择某一类别，在模板列表中可以看到该类别的所有模板。单击"确定"按钮，即可使用该模板新建一个 Flash 文档，如图 12-2 所示。

图 12-1 "从模板创建"选项

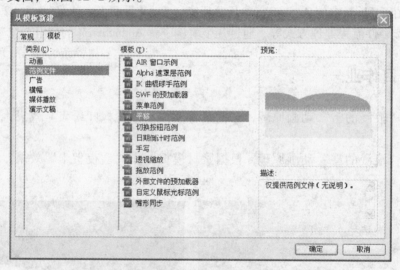

图 12-2 "从模板创建"对话框

12.1.2 Flash 中模板的类型

Flash CS5 中模板的类型如表 12-1 所示。

表 12-1 Flash CS5 中模板的类型

类　　型	说　　明	类　　型	说　　明
动画	各类常见动画	横幅	各类横幅模板
范例文件	各类效果的范例文件	媒播放体	不同规格的媒体文件
广告	不同规格的广告	演示文稿	演示文档范例

12.2　组件应用

组件是带有参数的影片剪辑元件，通过设置参数可以修改组件的外观和行为，配合 ActionScript 脚本，可以制作出具有交互功能的动画，Flash CS5 专业版内置了更多的组件类型，除了 UI 组件以外，还提供了数据组件和媒体组件类型。

1. "组件"面板

组件存储在"组件"面板中。执行"窗口"→"组件"命令，即可打开"组件"面板。单击"组件"面板前面的 ▶ 图标，可展开其列表。图 12-3 所示为 ActionScript 2.0 组件的"User Interface"组件，图 12-4 所示为 ActionScript 2.0 组件的"Video"组件。

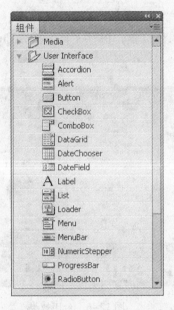

图 12-3　User Interface 组件

图 12-4　Video 组件

"User Interface"（UI）组件：用于设置用户界面的交互操作，主要包括 Button、CheckBox、ComboBox、Label、List、Loader、Menu、ProgrssBar 等组件。

"Video"组件：可以快捷顺利地实现视频，主要用于播放器中的播放状态和播放进度等属性进行交互操作，包括 FLVPlayback、BackButton、BufferingBar、ForwardButton、MuteButton、PauseButton、PlayButton 等组件。

2. 组件的添加与删除

若要在 Flash 文档中添加组件，首先要打开"组件"面板，然后将选中的组件从"组件"面板中拖到舞台上或者在"组件"面板中双击。添加到该文档的组件也显示在"库"面板中。用户可以将组件从"库"面板拖到舞台，应用该组件的多个实例；还可以使用 ActionScript 脚本代码创建组件。

若要删除组件实例，可以选中舞台上的组件实例，按〈Delete〉键。但"库"面板中的组件仍然存在，在"库"面板中选择组件后单击面板下方的"删除" 🗑 按钮就可以删除。

3. 设置组件参数

选择舞台中的组件，执行如下操作之一可以设置组件的参数：

- 选择"属性"面板的"参数"选项可以设置参数。
- 执行"窗口"→"组件检查器"命令，打开"组件检查器"面板。

12.3 精彩实例 1：制作日历

通过台历的制作掌握 DateChooser 组件的应用。具体步骤如下。

1）新建一个 Flash 文档，设置宽为 600 像素，高为 450 像素，并命名为"台历.fla"。

2）将图层 1 命名为"背景"，按〈Ctrl + R〉组合键导入素材文件夹的背景图片，如图 12-5 所示。

3）新建一个图层 2，重命名为"组件"，执行"窗口"→"组件"命令，即可打开"组件"面板，选择 DateChooser 组件拖到舞台上，调整位置，保存文件，按〈Ctrl + Enter〉组合键进行测试，如图 12-6 所示。

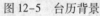

图 12-5 台历背景

图 12-6 台历效果

12.4 精彩实例 2：单项选择题课件

1）新建一个 Flash 文档，设置宽为 600 像素，高为 450 像素，并命名为"单选题.fla"。

2）将图层 1 命名为"背景"，按〈Ctrl + R〉组合键导入素材文件夹的背景图片，如图 12-7 所示。

3）新建一图层并命名为"题目层"，使用"文本工具"输入"多媒体个人计算机的英文缩写是什么?"，如图 12-8 所示。

4）新建一图层并命名为"UI"，按〈Ctrl + F7〉组合键打开"组件"面板，拖入一个组件"combobox"，在"属性"面板中将其命名为"box"，其"data"与"labels"的参数设置如图 12-9 所示，各项参数设置如图 12-10 所示。

图 12-7　背景　　　　　　　　　　　　　图 12-8　添加文本

图 12-9　"data" 与 "labels" 的参数设置　　　　图 12-10　"属性" 面板

5）新建两个图层，执行"窗口"→"公共库"→"按钮"命令，分别拖入两个按钮，然后双击按钮进入元件编辑状态，修改文字为"提交"和"返回"。注意"返回"按钮要放置在第 2 帧。单击"提交"按钮，在"动作"面板中输入如下脚本：

```
on( press) {
    if( box. getValue( ) == "VCD") {
    jg = "对不起,你选择的答案不正确,请按返回重新选择!";
    }
    if( box. getValue( ) == "APC") {
        jg = "对不起,你选择的答案不正确,请按返回重新选择!";
    }
    if( box. getValue( ) == "WPC") {
```

```
        jg = "对不起,你选择的答案不正确,请按返回重新选择";
    }
    if( box. getValue( ) == "MPC" ) {
        jg = "恭喜你^@^,选择正确! MPC 是英文 Multimedia Personal Computer 的缩写! 你知
道吗?";
    }
    gotoAndStop(2);
}
```

6) 在"返回"按钮的动作面板中添加脚本。

```
on( release) {
    gotoAndStop(1);
    jg = "";
}
```

7) 新建一图层并命名为"动态文本",使用"文本工具"拖出一个文本框。在"属性"面板中修改变量名为"jg"。新建一图层并命名为"as",添加脚本 stop( )。

8) 保存文件,按〈Ctrl + Enter〉组合键进行测试,如图 12-11 所示。

图 12-11   测试效果

12.5   小结

本章介绍了 Flash 中的模板的概念、作用与分类,组件的分类与相关操作,通过两个实例的系统设计与制作了解了组件与 ActionScript 的具体应用。

12.6   项目作业

1. 使用 UIScrollBar 组件创建一个文本区域,然后通过滚动条实现文本的拖曳显示,如图 12-12 所示。

图 12-12　滚动文本效果

2. 使用 FLVPlayback 组件实现视频的加载，如图 12-13 所示。

图 12-13　视频加载效果

第 13 章　综合项目实训

13.1　项目1：Flash 动画短片《钓鱼》的设计与制作

13.1.1　短片效果展示

　　每一部动画短片都要经过前期策划、剧本设计与造型设计、中期动画制作以及最后的输出几个环节进行制作。本部分通过动画短片《钓鱼》制作的各个环节的分析与学习，掌握如何制作一部动画短片。本节制作的动画短片《钓鱼》的截图如图13-1所示。

图 13-1　动画短片《钓鱼》效果展示

13.1.2　短片的策划与前期设定

1. 前期策划

　　每一部 Flash 动画短片创作前，要进行完整的动画项目策划，确定项目的创作目的与风格，编写剧本，进行人物与场景的造型设计，分镜脚本的绘制，并搜集整理各种音效与素材。

2. 剧本编写

　　整个故事情节是一个简短的幽默短剧。本短片想通过一个幽默短剧的设计，旨在让欣赏者在欢乐与笑声中得到更多的启发。

　　下面是动画短片《钓鱼》的故事梗概。

　　场景：海边

瘦瘦躺在海边的躺椅上喝着饮料跷着二郎腿，悠闲地抖着腿，嘴巴还在嘟嘟喝着吸管饮料，眼珠还在转动，看向胖胖。

瘦瘦看见胖胖不停地甩鱼竿、拉杆、又看看胖胖桶里的鱼有那么多，胖胖还不停地向桶里放着鱼。瘦瘦又看看胖胖的脸，发现胖胖猥琐地笑自己，身体有点颤抖，牙还龇着。瘦瘦很平淡，一点也不生气，只是略有疑惑地侧眼看了看胖胖，嘴巴还在嘟嘟地喝着饮料，只是越喝越慢，瘦瘦最后睡着了，鼻子上还冒着气泡。

瘦瘦鱼竿的铃声响了，瘦瘦听见响声一下子跳起来，鼻子上的气泡也炸破了，但是还没有彻底地醒过来，｛镜头切｝瘦瘦的脸上有点未睡醒的小惊喜。｛镜头切｝鱼竿的前半部分弯了。｛镜头回到瘦瘦的身上｝瘦瘦还沉浸在未睡醒的小惊喜中不能自拔。但瘦瘦又听到鱼竿的铃声才彻底清醒，飞快地跑向鱼竿｛出画面｝。

瘦瘦在拉杆，只见鱼竿被拉弯的幅度很大，可惜瘦瘦的鱼滑竿了，受到力的反作用向后跟跄了几步，差点跌倒！

鱼竿夸张地上下抖动着。

远处的胖胖又笑了，还捂着肚子，被瘦瘦看见了，瘦瘦脸冷了，有点不耐烦，然后很快地转身找东西。他的手在迅速地动，终于拿出来一个超级大鱼竿。胖胖看见了，超级惊讶，身体向后倾倒了45°，脸上还挂着"竖线"。瘦瘦站在水边，鞋子在旁边，准备甩钩，瘦瘦露出终于得意的表情，得意时还不忘把鱼钩甩了出去。

｛镜头切｝停在空中鱼钩上的虫子预备动作还没做好，就被甩出了画面。虫子飞速飞向水面，脸上的表情惊恐，只见要到水面了，睁大了眼睛，眼里全是害怕，睁着眼睛就进入水面，进入水面时还有气泡。

瘦瘦发现大鱼很有用，鱼浮很快又有反应了。虫子爬上了鱼竿头，等瘦瘦发现时，虫子顺着鱼竿爬上了岸，逃掉了。瘦瘦郁闷一瞬间，掉头拧鱼竿，面前的鞋里跳出一只鱼，向瘦瘦喷水，｛瘦瘦脸上被喷水的特写｝喷完后还坏坏地笑瘦瘦，然后很快地跳走。

瘦瘦再也忍受不了，终于发火了，此时全身冒火，鱼竿被烧成灰，掉了下来。瘦瘦跳向水里，低头吸水，水位在迅速下降。

准备咬胖胖鱼钩的鱼一下子掉到干涸的水底，胖胖也惊呆了，在水面洗澡的章鱼｛手里拿着毛巾肥皂｝悬在空中，瞬间被瘦瘦抓走，只会剩下毛巾肥皂留在空中。章鱼被扔在沙滩上，湖中的鱼被瘦瘦迅速地扔上来。瘦瘦用章鱼把鱼打包起来。

胖胖看着瘦瘦把巨大的章鱼包甩在肩上，走了。胖胖看看瘦瘦肩上的鱼，又看看自己脚旁桶里的鱼。

3. 造型设计

这个阶段的造型设计指的是草图绘制阶段，根据符合剧本的要求和便于动画及制作的原则，设定人物及场景的造型。

（1）主人公的设计

主人公是一个坏坏而又滑稽的形象，没什么本事，但做事情坚持，冲动，主要通过体型及衣服来体现，如图13-2所示。

（2）场景的设计

整个环境定位在一个海边的沙滩上，造型简洁。生动的太阳伞、躺椅为故事增添了更多的情趣，如图13-3所示。

图 13-2　主人公的设计

图 13-3　场景设计

4. 分镜脚本的绘制

动画短片分镜头是 Flash 动画前期很重要的环节，是整个动画短片的工作脚本和依据。这个脚本要充分体现出作者的创作思想和创作风格。分镜脚本的绘制格式并没有模式，但一般包括以下内容：画面、时间、对白、音效、特殊说明或者是备注。

短片《钓鱼》在完成文字剧本及造型设计后，根据编写好的文字剧本及绘制好的造型设计草图，绘制出分镜脚本。如图 13-4 所示。

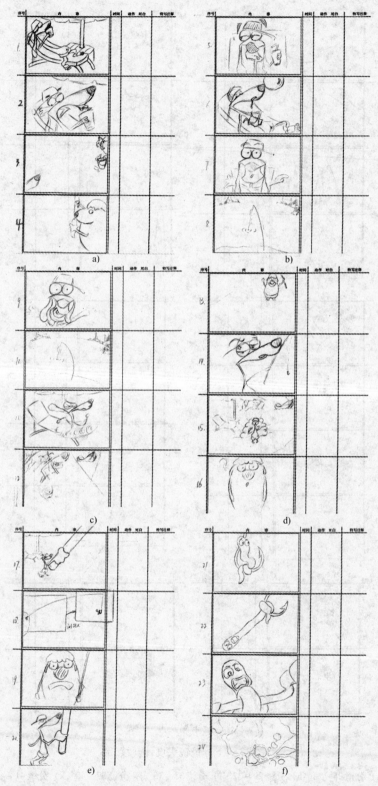

图 13-4 分镜镜头设计

a) 分镜 1~4   b) 分镜 5~8   c) 分镜 9~12   d) 分镜 13~16   e) 分镜 17~20   f) 分镜 21~24

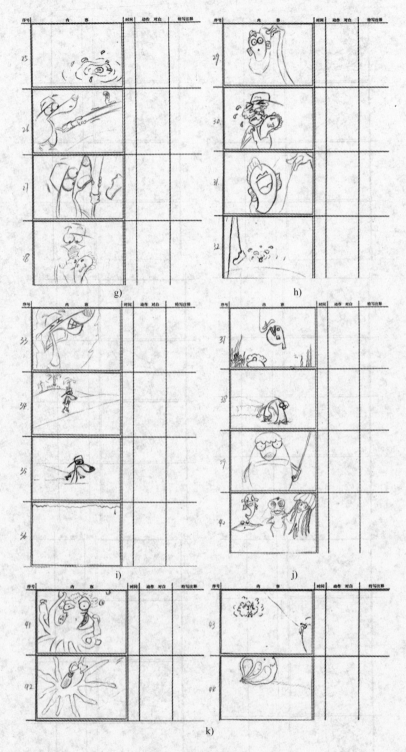

图 13-4 分镜镜头设计（续）

g）分镜 25～28 h）分镜 29～32 i）分镜 33～36 j）分镜 37～40 k）分镜 41～44

完成分镜脚本的绘制后，短片《钓鱼》还制作了分镜预演。分镜预演的制作完成能够对动画短片的节奏产生很直观的表现，所以这时对于动画短片节奏的不足可以进行调整；同时也为中期短片动画的调节、分工打下坚实的基础。如图 13-5 所示。

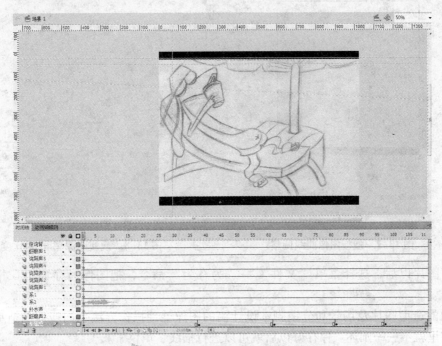

图 13-5　短片《钓鱼》分镜预演的截图

5. 音效与素材

主人公的笑声是通过音频软件的多次叠加形成的。背景音效是为了体现主人公的环境及心情，表达主人公的情绪状态，起到烘托气氛的音乐效果。

13.1.3　动画的中期设计与制作

1. 扫描

将绘制好的图片放入扫描仪中，选择扫描文件，把绘制好的图形文件转化为计算机文档。扫描时要注意，由于制作 Flash 只是把图像作为参考图形，所以只需要选择灰阶扫描就可以了，这样不但能减少扫描文档的大小，还可以提高扫描的品质。扫描中一般按照 300dpi 进行扫描。这样得出的文档才可以随意缩放不影响制作的品质。扫描设置如图 13-6 所示。

打开 Photoshop 软件，选择菜单"文件"→"打开"命令，在文件夹中打开扫描好的图像文件。然后选择菜单"图像"→"调整"→"曲线"命令和菜单"图像"→"调整"→"亮度/对比度"命令。瘦瘦的图像调整参数设置如图 13-7 和图 13-8 所示。

图 13-6　扫描设置

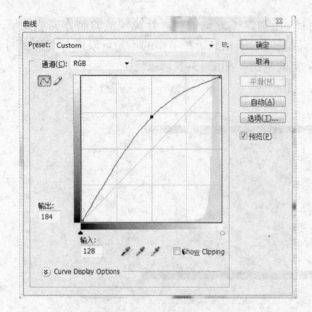

图 13-7　瘦瘦图像曲线调整　　　　　图 13-8　瘦瘦图像亮度/对比度调整

　　调好图片以后，选择菜单"文件"→"另存为"命令，把图像另存为 JPG 格式或者 PNG 格式。

　　其他的造型图片及场景和分镜脚本设计稿的图像处理操作方法也同瘦瘦的造型图片类似，在这里就不一一阐述。保存好以后就可以进行描线、填色了。

2．描线、填色

（1）人物的绘制

　　启动 Flash，进入 Flash 的工作界面，在"属性"面板中选择"脚本"为 ActionScript 2.0 模式，如图 13-9 所示，新建一个 Flash 文档，并设置该文档"属性"面板中的参数。

　　按照分镜预演的镜头顺序，将第 1 个镜头扫描好的图稿导入库中。将瘦瘦的角色造型稿从库中拖到舞台上，调整大小锁定图层，参数设置如图 13-10 所示。

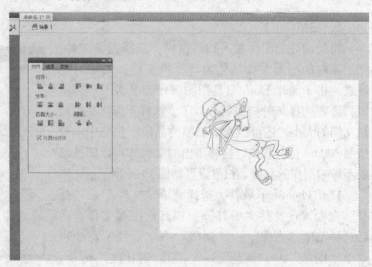

图 13-9　"属性"面板参数设置　　　　　图 13-10　"对齐"面板参数设置

接下来制作安全框。新建一图层并命名为"安全框"。绘制矩形，在"属性"面板中设置"宽"为720像素，"高"为576像素、"X"为0，"Y"为0。将"安全框"图层设置为遮罩层，并锁定该图层，如图13-11所示。

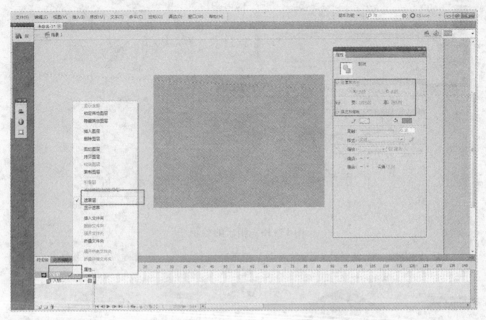

图13-11　将"安全框"图层设置为遮罩层

根据动画中角色的动作情况先进行元件设置规划。瘦瘦的角色在动画中许多动作都是靠四肢运动来实现的。因此将角色规划成的元件如图13-12所示。

图13-12　创建角色元件

新建一图层并命名为"帽子"，利用"钢笔工具"完成角色帽子的绘制。如图13-13所示。

新建另一个图层并命名为"眼睛"，先用"椭圆工具"，再用"线条工具"切割、修饰。同样地，把眼镜转换成元件以便后面动画的调节。另外一只眼镜进行复制并调节即可。如图13-14所示。

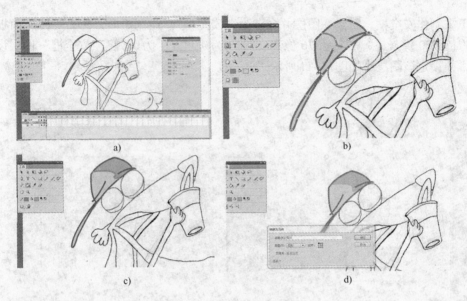

图 13-13　帽子的绘制

a）绘制轮廓　b）绘制帽子阴影轮廓　c）填充帽子阴影颜色　d）删除帽子阴影轮廓线

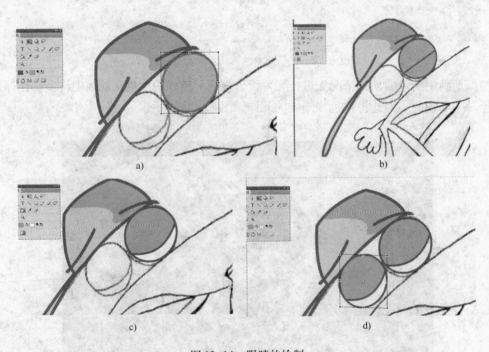

图 13-14　眼睛的绘制

a）绘制右轮廓并填充颜色　b）绘制眼睛中间线条　c）填充颜色　d）复制制作左眼

　　按照绘制帽子与眼镜的方法，分层绘制头部，躯干、四肢等部分，从而完成整个人物（瘦瘦）的绘制与元件的分类工作。如图 13-15 所示。

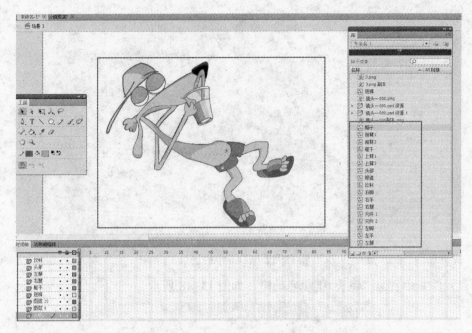

图 13-15　最终绘制效果

（2）场景的绘制

Flash 动画的背景一般有两种绘制方法：一种是直接在 Flash 软件里绘制；另一种是用 Photoshop 等软件绘制，要根据动画风格来选择。本动画是在 Photoshop 软件里绘制的背景。在 Photoshop 里主要用"画笔工具"绘制，绘制的效果如图 13-16 所示。

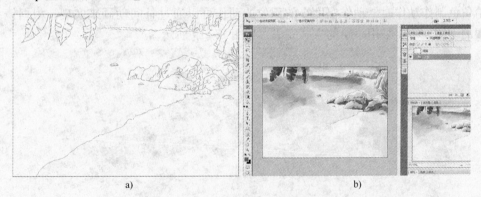

a)　　　　　　　　　　　　　　　　　　　　b)

图 13-16　最终绘制效果

a）场景手绘草稿　b）Photoshop 中绘制图效果

3. 原动画设计与制作

根据分镜头台本和动作设计稿进行原画设计和动画制作。以本动画镜头为例来讲解，读者可以通过研究本动画的源文件自己学习其他镜头原动画的设计制作方法。

1）首先，新建文档，更改场景名称，取名为"镜头一"。

2）更改图层名称为"背景"，选择菜单"文件"→"导入"→"导入到舞台"命令，将镜头一中的背景导入进来，并调整大小。根据分镜预演的时间，进行插入帧，如图 13-17 所示。

图 13-17　Flash 中的场景 1

新建元件并命名为"镜头 01 瘦瘦动作"如图 13-18 所示。

图 13-18　"镜头 01 瘦瘦动作"图形元件

给角色制作动作时，动作幅度小的部位的动作可以通过补间动画来实现。根据镜头 01 中瘦瘦的动作，需要采用手绘的方式完成，如图 13-19 所示。

图 13-19　角色设计动作

有的动作就得把动作的原画（每个关键帧）的状态都通过 Flash 绘制出来，然后通过补间动画或者逐帧动画来完成。比如此动画短片的镜头 01 瘦瘦的动作就需要这种方式完成。如图 13-20 所示。

a)   b)

图 13-20   瘦瘦的动作特效

a）分镜   b）合成效果

13.1.4   动画的后期合成及输出

Flash 动画短片的配音、合成与输出可以有多种软件的选择，这里讲的是使用 Flash 直接合成与输出和使用 Premiere 软件配音、合成与输出的方法。

（1）使用 Flash 直接合成与输出

利用 Flash 配音、合成与输出的步骤比较简单，因为大家在前面调动画时就是按照已制作好的分镜预演的时间来制作的。到这一步只需要把音乐导入到时间轴上，并进行简单的编辑之后，导出 SWF 格式的影片即可。

增加音效需要新建图层。先把收集好的音乐文件准备好，音乐的文件最好是 WMV 或者 MP3 的格式，这样软件才可以识别出来。

在音乐图层需要加入音效的地方先插入一个关键帧，然后选择菜单"文件"→"导入"→"导入到舞台"命令，把文件导入场景中，如图 13-21 所示。

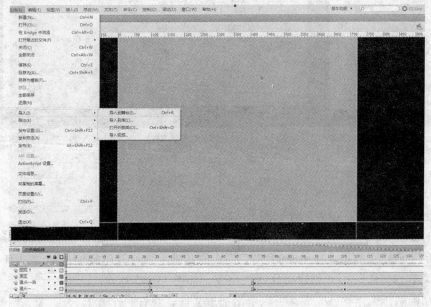

图 13-21   导入音效文件

音乐导入以后，选择音效，打开它的属性栏，把音效的"同步"属性改为"数据流"，形式改为"重复"，如图 13-22 所示。

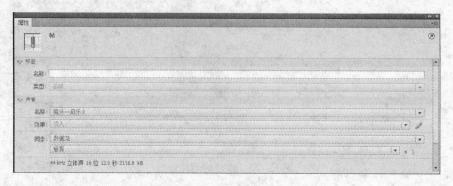

图 13-22　设置声音属性

制作完成以后就可以把文件导出了，选择菜单"文件"→"导出"→"导出影片"命令，如图 13-23 所示。

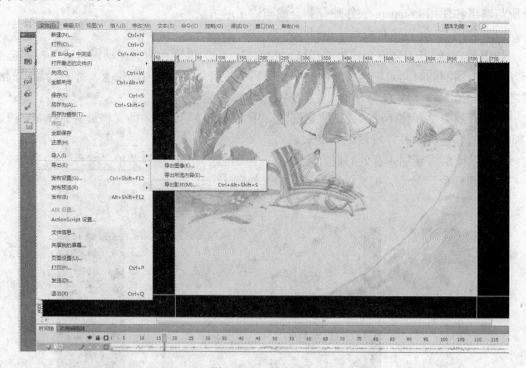

图 13-23　影片导出

在导出的设置栏中，设置属性如图 13-24 所示。

有些时候需要输出可执行文件（即 EXE 文件）来让 Flash 动画能够在各种环境下运行。EXE 文件的生成也很简单。在生成的 SWF 格式的基础上，打开已经输出的"动画作品"文件，选择菜单"文件"→"创建播放器"命令，如图 13-25 所示。

这样动画制作工作就已完成，可以单击播放文件，观看制作效果。

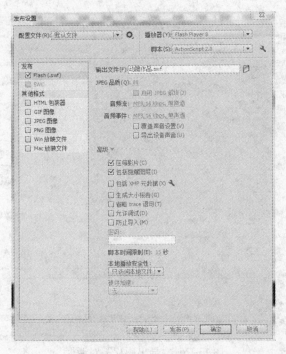

图 13-24　发布设置

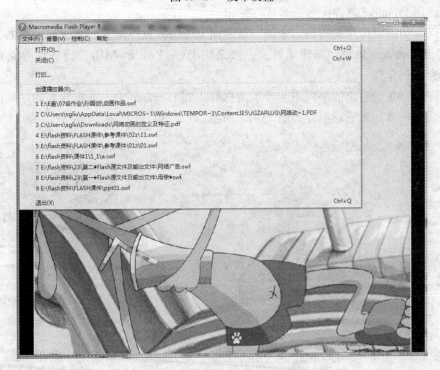

图 13-25　生成 EXE 格式视频

　　另外输出设置很多，上面讲的是常用的 Flash 的 SWF 格式文件。根据影片的发布需要，还可以将 Flash 文件输出多种动画形式，以便于网络、电视、多媒体后期制作使用，如各种格式的序列图、视频格式。如图 13-26 所示。

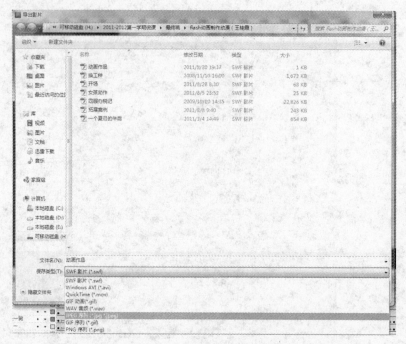

图13-26 "导出影片"对话框

（2）使用 Premiere 软件配音，合成与输出

下面以本动画短片片头为例，来讲一下使用 Premiere 软件配音、合成与输出的方法。

1）打开 Premiere 软件，新建项目，一般采用 DV – PAL 制 48Hz，设置保存路径，命名项目名称为"钓鱼"。

2）把在 Flash 中导出的序列图及音乐素材导入到 Premiere 中，并把导入的序列图，按照分镜的先后顺序拖到时间轴上，如图 13-27 所示。

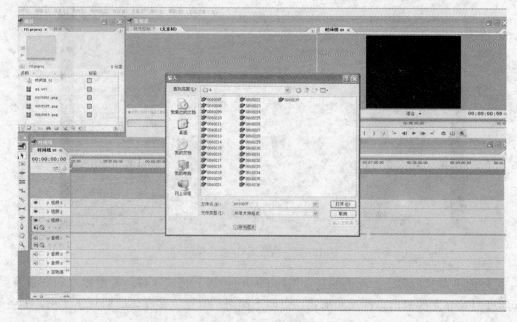

图13-27 分镜导入

3）把音乐拖到相对应的镜头序列图的时间轴位置上，进行相应的编辑，如图13-28所示。

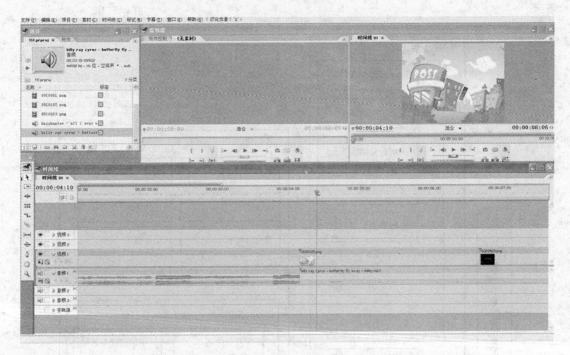

图 13-28　音乐设置

4）编辑完成之后进行输出。

13.2　项目2：《Flash CS5 动画制作案例教程》课件设计与制作

13.2.1　总体策划与设计

随着教育的不断深入发展，信息技术正在改变传统的教学方式，促进教学改革，课件已经成为现代教师教学中使用的一种多媒体辅助教学工具；同时课件也成为学生课外自学的辅助工具。教学时，教师在讲授重点、难点内容时，播放课件中的动画，并提出问题引导学生分析解决问题，帮助学生理解并掌握知识。老师的一些教学演示，如果学生没有看清楚，学生可以浏览教师的演示录像，同时也可以就一些理论的测试题目进行在线的测试。

本课件就本教程的多媒体教程为例进行设计与实现。Flash 动画制作是一门实践性较强的课程。基于此，课件设计时需要考虑以下几个问题：

1）课件的知识结构要根据课程的实际需要进行设计，要结构严谨，思路清晰。

2）课件的界面设计要直观、简洁。课件运行后可以直接进入教学内容的主界面，单击主界面中的标题或按钮，立即进入课堂的教学。

3）课件的结构是非线性结构。非线性结构的交互可以让教师随时讲授教学内容，学生随时可以学习需要掌握的内容。同时，也可以随时返回主界面，实现程序运行的任意控制。

根据以上要求"Flash CS5 动画制作案例教程"课件内容的总体结构策划如图 13-29 所示。

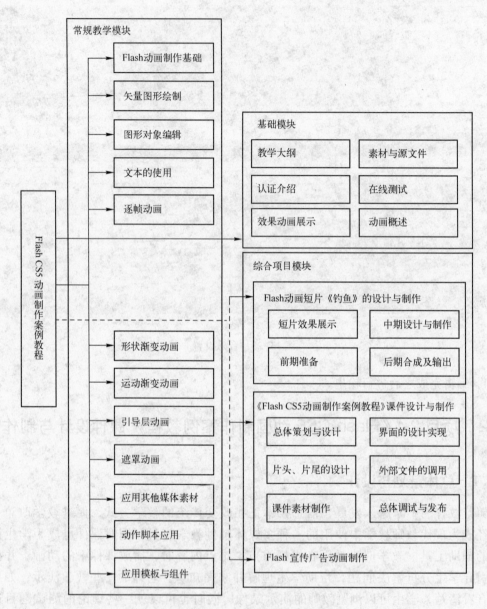

图 13-29 课件内容结构总体策划

根据以上课件的总体结构策划，设计本课件的组织形式总体策划，如图 13-30 所示。

13.2.2 片头、片尾的设计与制作

1. 片头动画与片尾动画的策划与设计

片头动画首先要反映出这个动画的制作企业或者单位，或者说是制作方名称，所以该动

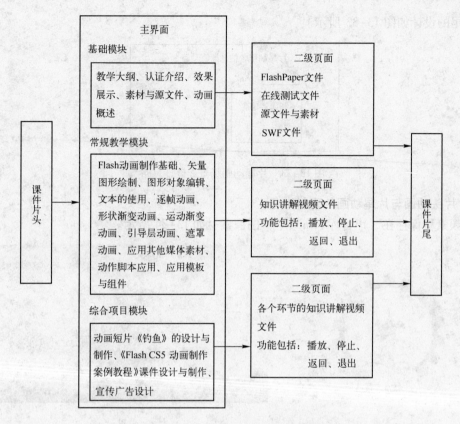

图 13-30 课件组织形式总体策划

画首先应该出现制作方的 logo 与名称，其次在主场景中展示多媒体系统应该演示的重点内容，配乐要紧凑，片尾主要显示策划人、制作人的相关信息。片头动画主要采用多场景动画，片头动画场景 1 的设计思路如图 13-31 所示。

图 13-31 片头动画场景 1 设计思路

片头动画场景 2 的设计思路如图 13-32 所示。

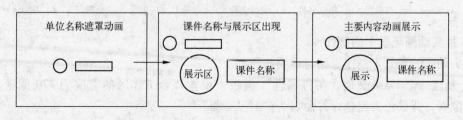

图 13-32 片头动画场景 2 设计思路

片尾的设计如图 13-33 所示。

图 13-33　片尾动画场景 2 设计思路

2. 片头动画与片尾动画的素材准备

音频素材保存在"声音库.fla"中，图像素材如 13-34 所示。

图 13-34　素材图片

a）Logo　b）背景图　c）单位名称　d）课件名称　e）展示 1　f）展示 2　g）展示 3　h）展示 4

3. 片头动画场景 1 的制作

片头动画的场景 1 制作思路与重要步骤如下。

1）新建一个 Flash 文档，在"属性"面板中设置舞台工作区的宽度为 770 像素、高度为 430 像素，背景色为黑色，并命名为"片头.fla"。

2）创建影片剪辑"logo 动画"，使用"椭圆工具"绘制"双环线"图形，按〈F8〉键将其转换为影片剪辑组件，命名为"圆环"，效果如图 13-35 所示。

3）打散"圆环"，制作遮罩动画，如图 13-36 所示。

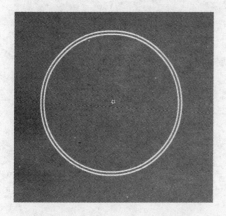

图 13-35 "圆环"影片剪辑

图 13-36 "圆环"的遮罩动画

4）创建影片剪辑"光环"，使用"椭圆工具"绘制"背景光环"图形，填充白色向透明的线性渐变，效果如图 13-37 所示。

5）新建"背景光"图层，在第 50 帧插入影片剪辑"光环"，在第 58、68、72 帧处插入关键帧，并在这些帧处改变背景光的大小，设置运动渐变动画，效果如图 13-38 所示。

图 13-37 "光环"影片剪辑

图 13-38 "光环"的运动动画

6）新建"双环衬托"图层，在第 50 帧处插入关键帧，插入影片剪辑"光环"，按〈F5〉键插入帧，连续按〈F5〉键插入帧至 73 帧。

7）新建"双环放大"图层，在第 50 帧处插入关键帧，插入影片剪辑"光环"，制作与"背景光"图层类似的动画（从第 50 帧到第 90 帧，光环不断放大，直至消失到屏幕之外），效果如图 13-39 所示。

8）新建"logo"图层，创建影片剪辑"logo 标志"，在第 65 帧处插入关键帧，插入影片剪辑"logo 标志"，制作与"背景光"图层类似的动画（从第 65 帧到第 119 帧，光环不断缩小，直至结束），效果如图 13-40 所示。

9）新建"music"图层，在第 34 帧处插入关键帧，导入背景音乐，将音乐"bgsound"拖动到影片剪辑中。

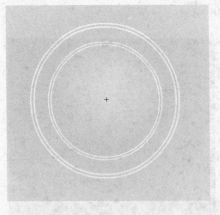

图 13-39　"光环"放大动画

图 13-40　"logo 标志"缩小动画

10）回到场景 1 中，将刚创建的影片剪辑"logo 动画"拖入到场景 1 的第 1 帧，按〈F9〉键打开"动作"面板，在"动作"面板中插入以下代码，完成动画的全屏与屏蔽缩放功能：

```
fscommand( "fullscreen" , "true" );
fscommand( "allowscale" , "false" );
```

11）新建"透明按钮"按钮元件，在按钮的 4 个状态按〈F6〉键插入关键帧，在第 4 帧绘制一个矩形，这个区域用做响应使用。

12）回到场景 1 中，将"透明按钮"按钮元件拖入场景中，选中按钮，按〈F9〉键打开"动作"面板，在"动作"面板中插入以下代码，实现单击该按钮时跳入主场景"indexa. swf"：

```
on( release )
{
    loadMovieNum( "indexa. swf", 0 );
}
```

4. 片头动画场景 2 的制作

片头动画的场景 2 制作思路与重要步骤如下。

1）执行"窗口"→"其他面板"→"场景"命令，打开"场景"面板，新建一个场景 2，并双击进入。

2）命名背景层为"企业名称背景"，执行"文件"→"导入"→"导入到舞台"命令，将素材"1. png"图片导入到场景中，如图 13-41 所示。

3）添加企业名称，执行"文件"→"导入"→"导入到舞台"命令，将素材"0. png"图片导入到场景中，如图 13-42 所示。

图 13-41　企业名称背景层

图 13-42　企业名称层

4）添加"遮罩动画"层，在第 1 帧绘制绿色矩形条，在第 10、20、30、40、55 帧处，按〈F6〉键插入关键帧，使用鼠标右键创建传统补间动画，分别调整第 10、20、30、40、55 帧中绿色矩形框的位置与大小，如图 13-43 所示。

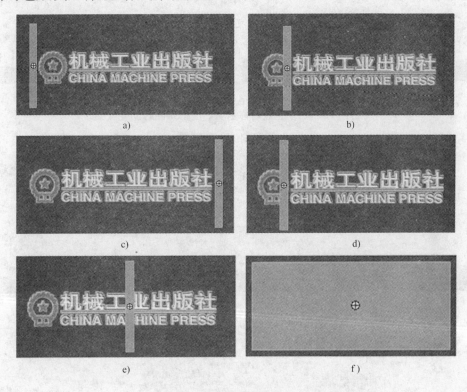

图 13-43　遮罩动画关键帧的绿色矩形框的位置

a）第 1 帧　b）第 10 帧　c）第 20 帧　d）第 30 帧　e）第 40 帧　f）第 55 帧

5）选中"遮罩动画"层，鼠标单击右键，设置"遮罩动画"层为"遮罩层"。

6）添加"背景"层，在第 55 帧处按〈F6〉键插入关键帧，执行"文件"→"导入"→"导入到舞台"命令，导入素材图片"bj. png"，在第 70 帧处按〈F6〉键插入关键帧，设置为"传统补间动画"，并设置第 55 帧处关键帧中的图形元件的 alpha 值为 0（制作渐入动画）。

7）添加"企业名称飘动"层，在第 55 帧处按〈F6〉键插入关键帧，拖动"1. png"进入主场景，在第 70、80 帧处按〈F6〉键插入关键帧，设置第 70～80 帧为"传统补间动画"，并设置第 80 帧处关键帧中的图形元件的位置位于场景 2 的左上角，如图 13-44所示。

8）添加"圆圈"层，在第 70 帧处按〈F6〉键插入关键帧，绘制小圆圈；在第 90 帧处按〈F6〉键插入关键帧，放大圆圈，设置第 70～90 帧为"传统补间动画"，如图13-45所示。

9）添加"圆圈"层与"遮罩动画"层，分别在第 90、130、175、220 帧处插入关键帧，然后分别导入素材文件夹中的"zs1. jpg"、"zs2. jpg"、"zs3. jpg"、"zs4. jpg"，并将这些帧导入到相对应的帧上，分别给对应的"遮罩动画"层添加遮罩，效果如图 13-46 所示。

a) b)

图 13-44 "企业名称飘动"层中元件的位置

a) 第 70 帧 b) 第 80 帧

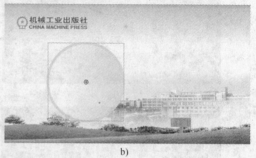

a) b)

图 13-45 "圆圈"层中圆圈的位置

a) 第 70 帧 b) 第 80 帧

c) d)

图 13-46 效果展示层动画

a) 展示 1 b) 展示 2 c) 展示 3 d) 展示 4

206

10）添加"背景音乐"层，导入背景音乐"bgsound2"，选中第 1 帧，按〈F9〉键打开"动作"面板，在"动作"面板中插入以下代码，完成动画的全屏与屏蔽缩放功能：

```
fscommand("fullscreen", "true");
fscommand("allowscale", "false");
```

11）添加"课件名称"层，在第 90 帧处导入"wb. png"，调整图形位置，如图 13-47 所示。

图 13-47　片头动画总体效果

12）在"背景"层，选中第 280 帧（最后一帧），按〈F9〉键打开"动作"面板，在"动作"面板中插入以下代码，完成片头动画结束自动进入主界面：

```
loadMovieNum("indexa. swf", 0);
```

13）添加"透明按钮"层，将"透明按钮"按钮元件拖入场景中，选中按钮，按〈F9〉键打开"动作"面板，在"动作"面板中插入以下代码，实现单击该按钮是跳入主场景"indexa. swf"：

```
on(release)
{
    loadMovieNum("indexa. swf", 0);
}
```

5. 片尾动画制作

由于片尾动画比较简单，主要展示编者相关信息，在此简要说明，具体步骤如下。

1）新建一个 Flash 文档，在"属性"面板中设置舞台工作区的宽度为 770 像素、高度为 430 像素，背景色为黑色，并命名为"片尾 . fla"。

2）命名图层 1 为"背景"层，执行"文件"→"导入"→"导入到舞台"命令，导入素材图片"bj. png"，同样导入课件名称图片"wb. png"，调整位置。

3）添加图层 2 并命名为"文本"层，制作"文本"层的渐入动画，效果如图 13-48 所示。

4）选中"背景"层第 1 帧，按〈F9〉键打开"动作"面板，在"动作"面板中插入以下代码，完成动画的全屏与屏蔽缩放功能：

图 13-48　片尾动画总体效果

```
fscommand( "fullscreen" , "true" ) ;
fscommand( "allowscale" , "false" ) ;
```

5）将"透明按钮"按钮元件拖入场景中，选中按钮，按〈F9〉键打开"动作"面板，在"动作"面板中插入以下代码，实现单击该按钮结束播放：

```
on( release )
{
    fscommand( "quit" ) ;
}
```

13.2.3　主界面与二级页面的设计

1. 主界面与二级页面的设计

课件的整体设计要考虑"基础模块"、"常规教学模块"、"综合项目模块"，所以整个主界面的设计要在平面构成上通过线条将其分为 3 个区域，同时应考虑课件的背景音乐、"退出"按钮、版权信息等位置。整体界面设计要明快、清晰，色彩使用明朗、阳光、向上的橙色调。具体步骤在此就不详细阐述了，效果如图 13-49 所示，二级页面如图 13-50 所示。

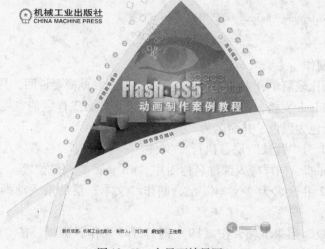

图 13-49　主界面效果图

图 13-50 二级页面效果图

2. 主界面的多媒体设计

1）新建一个 Flash 文档，在"属性"面板中设置舞台工作区的宽度为 1024 像素、高度为 768 像素，背景色为黑色，并命名为"主界面.fla"。

2）命名图层 1 为"背景"层，执行"文件"→"导入"→"导入到舞台"命令，导入素材图片"main.jpg"，调整位置占满全屏，按〈F9〉键打开"动作"面板，在"动作"面板中插入以下代码，实现动画的全屏与屏蔽缩放功能：

```
fscommand("fullscreen", "true");
fscommand("allowscale", "false");
```

3）添加图层 2 并命名为"文本"层，使用"文本工具"输入各模块导航信息，效果如图13-51 所示。

图 13-51 主界面中添加文本后的效果

4）添加图层 3 并命名为"按钮"层，将"按钮"层拖放到"文本"层下方，打开"库"面板，拖动"透明按钮"按钮元件到按钮层，每个导航文本上方都拖放一个透明按钮。

在"基础模块"中，"教学大纲"、"认证介绍"、"动画展示"、"动画片演示"、"在线测试"、 "动画概述"这 6 个按钮导航代码分别指向 b1. swf、b2. swf、b3. swf、b4. swf、b5. swf、b6. swf，具体以"教学大纲"为例，代码如下：

```
on(release)
{
    loadMovieNum("b1. swf", 0);
}
```

"素材与源文件"按钮的链接代码如下：

```
on(release)
{
    getURL(". /source");
}
```

此代码可以直接打开 source 文件夹。

左侧"常规教学模块"中的各个栏目对应链接 a1. swf、a2. swf、a3. swf、...a11. swf、a12. swf 各个二级 flash 文件。

下方的"综合项目模块"中的各个栏目对应链接 c1. swf、c2. swf、c3. swf、...c11. swf、c12. swf 各个二级 flash 文件。

"退出"按钮响应的是 end. swf 片尾文件。

效果如图 13-52 所示。

图 13-52　主界面中添加按钮与代码后的效果

5）添加图层 4 并命名为"光线动画"层，打开"库"面板，将"光"影片剪辑拖动到主场景中，位置如图 13-53a 所示，效果如图 13-53b 所示。

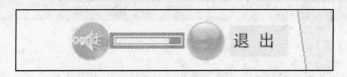

a)   b)

图 13-53 "光"影片剪辑的应用效果

a）插入"光"影片剪辑　b）"光"影片剪辑的效果

6）添加图层 5 并命名为"背景音乐"层，打开"库"面板，将"背景音乐 1"音乐素材拖动到主场景中。

7）添加图层 6 并命名为"背景音乐控制"层，打开"库"面板，将"音乐控制"影片剪辑拖动到主场景中，位置 13-54 所示。

图 13-54　主界面中插入背景音乐控制的效果

3. 二级界面的多媒体设计

1）新建一个 Flash 文档，在"属性"面板中设置舞台工作区的宽度为 1024 像素、高度为 768 像素，背景色为黑色，并命名为"b1. fla"。

2）命名图层 1 为"背景"层，执行"文件"→"导入"→"导入到舞台"命令，导入素材图片"content. jpg"，调整位置占满全屏，按〈F9〉键打开"动作"面板，在"动作"面板中插入以下代码，实现动画的全屏与屏蔽缩放功能：

```
fscommand("fullscreen", "true");
fscommand("allowscale", "false");
```

3）添加图层 2 并命名为"背景衬托"层，使用"矩形工具"绘制衬托黑框，设置宽度为 800 像素，高度为 600 像素。

4）添加图层 3 并命名为"光线动画"层，打开"库"面板，将"光"影片剪辑拖动到主场景中。

5）添加图层 4 并命名为"导航按钮"层，打开"库"面板，将"导航按钮"按钮元件拖动到主场景中，放好位置，依次输入导航文本，预览效果如图 13-55 所示。

6）添加图层 5 并命名为"影片剪辑"层，打开"库"面板，将"空影片剪辑"影片剪辑元件拖动到主场景中，位置在衬托背景上方，选择"导航按钮"层的第 1 帧，按〈F9〉键打开"动作"面板，在"动作"面板中插入以下代码，实现动画的全屏与屏蔽缩放功能：

```
fscommand("fullscreen", "true");
fscommand("allowscale", "false");
```

7）选择"背景衬托"层的第 1 帧，按〈F9〉键打开"动作"面板，在"动作"面板中插入以下代码，实现加载外部 FlashPaper 文件的功能：

211

图 13-55　二级页面界面效果

```
function loadFlashPaper( path_s, dest_mc, width_i, height_i, loaded_o)
{
    var intervalID = 0;
    var _loc2 = function( )
    {
        dest_mc. _visible = false;
        var _loc1 = dest_mc. getIFlashPaper( );
        if( ! _loc1)
        {
            return;
        } // end if
        if( _loc1. setSize( width_i, height_i) == false)
        {
            return;
        } // end if
        dest_mc. _visible = true;
        clearInterval( intervalID);
        loaded_o. onLoaded( _loc1);
    };
    intervalID = setInterval( _loc2, 100);
    dest_mc. loadMovie( path_s);
} // End of the function
function onLoaded( fp)
{
    fp. setCurrentPage( 0);
    fp. setCurrentZoom( 80);
} // End of the function
```

```
loadFlashPaper("b1 - 1. swf", mc, mc. _width, mc. _height, this);
Stage. showMenu = false;
stop( );
```

将教学大纲.swf 文件重名为"b1 - 1. swf",复制粘贴到与 a1. swf 同层的文件中,设置"返回"按钮响应到 indexa. swf 文件,"退出"按钮响应到 end. swf 文件。

预览效果如图 13-56 所示。

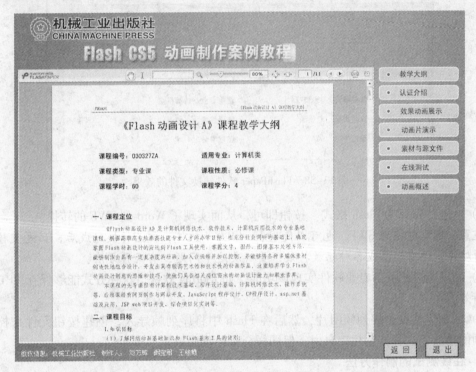

图 13-56 二级页面加载 FlashPaper 文件"教学大纲.swf"后的效果

13.2.4 多媒体素材制作方法

1. Word、PPT 转化为 SWF 的方法

课件制作时,如果有一些 Word 文本,如教学大纲、考试介绍等内容,可以通过购买或者下载软件试用版来完成。常用的软件是 FlashPaper 软件。具体使用方法如下。

1)购买或者下载软件试用版,然后安装 FlashPaper 软件并启动,如图 13-57 所示。

图 13-57 FlashPaper 软件启动后的效果

2）将需要转换的 Word 或 PPT 文件直接拖动到 FlashPaper 软件的空白工作区，FlashPaper 软件将会自动转换，如图 13-58 所示。

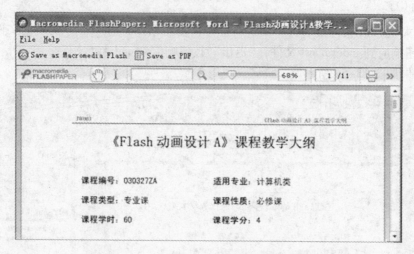

图 13-58　FlashPaper 软件转换文件的效果

3）单击"保存为 Flash 格式"按钮即可，从而实现了 Word 到 SWF 的转换。

注意：PPT 转换为 SWF，也可以使用 FlashPaper 软件，但是转换完成后，只是直接转换 PPT 幻灯片，没有动画或各种播放特效，要解决这个问题，有两种方法：

1）可以通过相关的专业软件实现该功能，如 ISpring 软件，这种方式能够保存 PPT 的动画与特效。

2）将 PPT 转换为序列帧图片，然后在 Flash 中将序列帧导入，创建按钮元件来控制逐帧动画的播放，这种控制比较自由，但同样会丢掉动画效果。

2. 在线测试的制作方法

在 Flash 中完成在线试题的应用也是非常多的，具体方法有两种可供参考：

1）使用 Flash 中的组件或者模板，自己借助 ActionScript 来完成。

2）借助第三方软来完成，这种方法更加易于掌握。

下面就以第 2 种方法的应用进行一下具体的介绍，具体步骤如下：

1）购买或者下载"秋风试题大师"软件试用版，然后安装并启动，如图 13-59 所示。

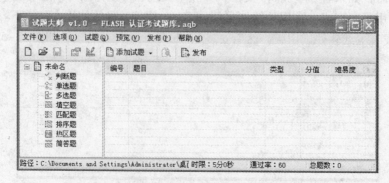

图 13-59　"秋风试题大师"软件界面

2）双击软件左侧的"单选题"，就可以录入单选题了，效果如图 13-60 所示。

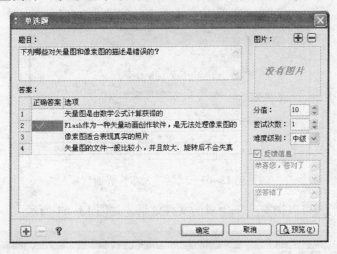

图 13-60　添加单选题界面

3）同样的方法可以双击软件左侧的"多选题"、"填空题"、"匹配题"、"排序题"、"热区题"、"简答题"等，添加完成后，效果如图 13-61 所示。

图 13-61　添加完题目后的界面

4）执行"选项"→"试题属性"命令，设置"试题属性"，效果如图 13-62 所示。

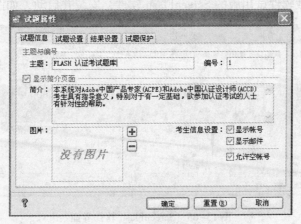

图 13-62　设置"试题属性"界面

5）设置完成后，执行"发布"命令，设置发布文件名称与存储地址，如图 13-63 所示。

图 13-63　试题"发布"界面

6）发布完成后，可以浏览一下生成的文件效果，如图 13-64 所示。

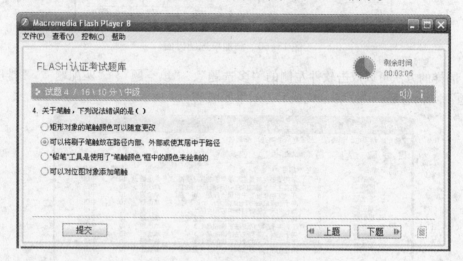

图 13-64　生成试题的答题界面

3. 屏幕录制视频的方法

以 ScreenFlash 软件为例，简单介绍一下使用方法，具体步骤如下。

1）购买或者下载软件试用版的 ScreenFlash 软件，安装并启动，如图 13-65 所示。

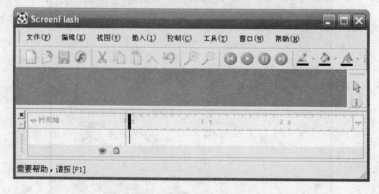

图 13-65　ScreenFlash 软件界面

2）执行"文件"→"新建"命令，弹出"创建新工程"对话框，如图 13-66 所示。

3）单击"下一步"按钮，进入"选择捕获模式"对话框，可根据需要进行选择，如图 13-67 所示。

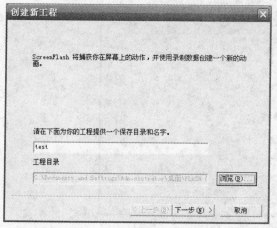 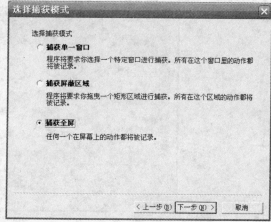

图 13-66　"创建新工程"对话框　　　　　图 13-67　"选择捕获模式"对话框

4）单击"下一步"按钮，进入"捕获全屏"对话框，可根据需要进行设置，如设置"开始/停止"的快捷键为〈F9〉，"暂停/恢复"的快捷键为〈F10〉，捕获频率为 5 次/秒，如图 13-68 所示，单击"完成"按钮设置完成。

5）按快捷键〈F9〉开始录制，按快捷键〈F9〉停止录制，界面如图 13-69 所示，如果录制过程中有其他事情需要暂停，可以按快捷键〈F10〉停止录制，再次按快捷键〈F10〉可以继续录制。

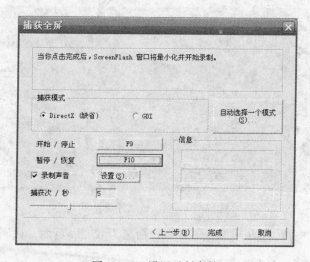

图 13-68　设置录制参数

6）最后，执行"文件"→"输出 swf"命令，即可完成 SWF 格式视频录制。

屏幕录制视屏的软件很多，如 Camtasia Studio、屏幕录制大师、ScreenFlash 等，而且这些软件的使用方法也相当简单，读者可以多加练习，不断通过实践来把握其中的技巧，从而录制出质量较高的视频。

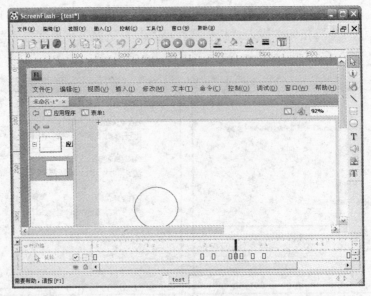

图 13-69　编辑录制内容

13.2.5　外部文件的调用

外部文件主要包括视频、音频、图片、Word 转换的 SWF 文件、软件生成的测试试题、录制的屏幕视频录像、EXE 格式的视频录像等。由于视频、音频、图片、Word 转换的 SWF 文件的调用已经学习过，本节主要学习测试试题、录制的屏幕视频录像的调用。

1. 测试试题的调用

1）制作外观界面，命名为"b50. fla"，如图 13-70 所示。

图 13-70　测试试题外观界面

2）新建 – Flash 文档（Action Script 2.0），命名为 b5. fla 页面，代码如下，

```
fscommand("fullscreen", "true");
getURL("FSCommand:fullscreen", true);
getURL("FSCommand:allowscale", false);
loadMovieNum("test/t1. swf", 2);
_level2. _x = 30;
_level2. _y = 130;
```

```
onEnterFrame = function( )
{
    if( _level2 )
    {
        with( _level2 )
        {
            _x = 30;
            _y = 130;
        }
        delete onEnterFrame;
    } /
};
loadMovie( "b50. swf" , mc1 );
```

2. 录制的屏幕视频录像的调用

1）制作一个影片剪辑，然后添加到主场景中，将其命名为"mymc"。使用"mymc"的主要作用是提前占用视频将来的位置。

2）为每个导航按钮添加代码加载视频文件，以 a3. fla 为例，"图形对象的变形"按钮的代码如下：

```
on( release )
{
    loadMovie( "a3 - 1. swf" , mymc );
}
```

依次类推，下一个按钮只需要将"loadMovie("a3 - 1. swf" , mymc);"中的视频名称修改即可，效果如图 13-71 所示。

图 13-71　录制的屏幕视频录像的调用

13.2.6　总体调试与发布

当片头（index. swf）、片尾（end. swf）、主界面（indexa. swf）都完成后，制作二级页面与调用页面，由于"素材与源文件"按钮的相应代码设置素材将素材文件放在"source"文件夹中，所以创建"source"文件夹，并将素材相关信息放在该文件夹中，同样的方法创建"test"文件夹存放在线测试试题文件。

创建"play. exe"文件作为首个播放文件，"play. exe"的具体制作思路是：首先完成加载片头（index. swf）的功能，然后附加 Flash 的播放器，在发布设置中设置为"生成 EXE格式"即可。

将相关文件都存放在同一文件夹中后，如图 13-72 所示。

source	a3-8. swf	a8. swf	b3-10. swf	c3-1. swf
test	a3-9. swf	a9-1. swf	b3-11. swf	c3. swf
a1-1. swf	a3-10. swf	a9-2. swf	b3-12. swf	c4-1. swf
a1-2. swf	a3-11. swf	a9-3. swf	b3-13. swf	c4. swf
a1-3. swf	a3-12. swf	a9-4. swf	b3. swf	c5. swf
a1-4. swf	a3-13. swf	a9. swf	b4-1. swf	c6-1. swf
a1-5. swf	a3. swf	a10-1. swf	b4. swf	c6. swf
a1-6. swf	a4-1. swf	a10-2. swf	b5. swf	c7-1. swf
a1-7. swf	a4-2. swf	a10-3. swf	b6. swf	c7. swf
a1. swf	a4-3. swf	a10-4. swf	b31. swf	c8-1. swf
a2-1. swf	a4-4. swf	a10-5. swf	b32. swf	c8. swf
a2-2. swf	a4. swf	a10. swf	b33. swf	c9-1. swf
a2-3. swf	a5-1. swf	a11-1. swf	b34. swf	c9. swf
a2-4. swf	a5-2. swf	a11-2. swf	b35. swf	end. swf
a2-5. swf	a5-3. swf	a11-3. swf	b36. swf	Flash动画设计教学大纲. doc
a2-6. swf	a5-4. swf	a11. swf	b37. swf	index. swf
a2-7. swf	a5-5. swf	a12-1. swf	b38. swf	indexa. swf
a2-8. swf	a5-6. swf	a12-2. swf	b39. swf	play. exe
a2-9. swf	a5-7. swf	a12-3. swf	b50. swf	tb. ico
a2-10. swf	a5. swf	a12. swf	b51. swf	
a2-11. swf	a6-1. swf	b1-1. swf	b52. swf	
a2-12. swf	a6-2. swf	b1. swf	b53. swf	
a2-13. swf	a6-3. swf	b2-1. swf	b54. swf	
a2-14. swf	a6-4. swf	b2. swf	b55. swf	
a2-15. swf	a6. swf	b3-0. swf	b310. swf	
a2-16. swf	a7-1. swf	b3-1. swf	b311. swf	
a2. swf	a7-2. swf	b3-2. swf	b312. swf	
a3-1. swf	a7-3. swf	b3-3. swf	b313. swf	
a3-2. swf	a7-4. swf	b3-4. swf	b314. swf	
a3-3. swf	a7. swf	b3-5. swf	c1-1. swf	
a3-4. swf	a8-1. swf	b3-6. swf	c1. swf	
a3-5. swf	a8-2. swf	b3-7. swf	c2-1. swf	
a3-6. swf	a8-3. swf	b3-8. swf	c2. swf	
a3-7. swf	a8-4. swf	b3-9. swf		

图 13-72　多媒体课件文件浏览

执行"play. exe"文件即可播放，例如单击"动画片演示"按钮，效果如图 13-73 所示。

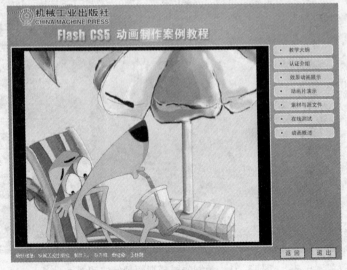

图 13-73　课件效果浏览

13.3　项目 3：Flash 宣传广告设计与制作

13.3.1　广告设计基础知识

1. 广告形式

在 Flash 动画日益流行的今天，利用 Flash 幽默、夸张、动感的风格，制作具有创意性的广告，已经成为一种有效的商业宣传方式。Flash 动画短小、精悍、情节画面夸张起伏，能够在短时间内吸引观众的注意力，传达最深感受；Flash 动画具有交互性，可以更好地满足观众的需要，观众可以通过鼠标和键盘等决定动画的播放内容，使广告更加人性化。

Flash 广告是目前应用最多、最流行的网络广告形式，而且，很多电视广告也采用 Flash 进行设计。Flash 以独特的技术和特殊的艺术表现，给人们带来了特殊的视觉效果。

Flash 广告形式多样、尺寸也多种多样，在网页上看到的广告包括 Banner、Button、通栏、竖边、巨幅等形式。

2. 创作规范

在制作网络广告时，首先要确立网络广告目标，确定网络广告预算，然后进行广告信息决策，对网络广告媒体的资源进行选择，最后是网络效果监测和评价。

在网络广告的制作过程中还应该注意以下几点：

- 广告设计主题一定要鲜明，形式要新颖、不落俗套，信息内容的把握要精确。
- 网络广告设计力求具有一定的吸引力，争取在最短的时间内吸引人们的眼球。
- 网络广告的字节数要控制在一定的范围内，以保证网络的下载和播放速度。
- 重要的一点是，网络法规体系还不健全，监管滞后。在制作的过程中一定要注重网络广告的真实性，不能盲目夸大，误导顾客。

3. 设计流程

Flash 广告的基本制作流程如下。

（1）规划影片

设计动画要实现的效果，内容包括绘制动画场景、设计角色、道具、完成文字剧本的编写。下面是一个剧本的例子：

（用慢镜头、转场、渐入渐出）

1) ［人民广场，喷泉旁，清晨，一对小学生的背影进入镜头］//场景与角色动作

2) 小学生甲：有位老奶奶摔倒了。//角色语言 ［用手指向前方］//角色动作

3) 小学生乙：我们赶紧把她扶起来。//角色动作（奔跑）

（2）绘制分镜

绘制分镜就是根据文字剧本将动画分隔为若干要表现的镜头，解释镜头运动，将剧本形象化，确定显示效果，为后面的动画制作提供参考。分镜可以在纸上绘制，也可以在 Flash 中绘制。

（3）确立图形元素

将镜头中的场景、角色与角色动作转化为 Flash 的各个元件，并排布在背景图层与角色图层上。

（4）完成各元件的帧动作

这一步骤完成影片的制作。实现 Flash 动画的技术手法多样，包括补间动画、补间形状以及不可或缺的逐帧动画。

（5）添加动画音乐音效

添加动画音乐音效，最终发布测试动画。

13.3.2　项目简介

1. 项目背景

很多公司为了扩大自己的知名度，会在知名网站上插入广告来宣传自己的网站。创意设计公司是一家艺术设计公司，主营平面艺术设计，本项目即是为这家公司设计与制作一个 Flash 宣传广告。

2. 项目要求

项目要求 Flash 广告界面要有冲击力、要具有艺术气息，体现公司的性质。广告效果要吸引大众的眼球，符合网络广告的创作规范。

13.3.3　项目设计分析

1. 创意与构思

项目中采用具有传统艺术效果的国画及水墨来展现艺术气息，没有涉及任务角色，共包含 4 个场景，分别使用图片的切换及文字的运动来展示公司的理念。4 个场景分镜设计如表 13-1 所示。

表 13-1　分镜设计

画　面	画面描述	注　释	时间
	采用一幅"竹子"的水墨画作为背景，画面中"图片"处用于显示一幅山水画，在画面的右侧放置两条公司的广告	［动画］："图片"处背景及"图片"本身使用遮罩的方式实现；两条"广告语"分别从右侧和左侧飞入	4 s
	画面中"图片"处用于显示另外一幅山水画，在画面的左侧及下方放置两条公司的广告	［动画］：场景切换采用渐隐渐显的方式实现；"图片"处背景及"图片"本身使用遮罩的方式实现；两条广告语分别从右侧和左侧飞入	4 s
	画面中"文字1"处背景采用水墨画素材，"文字1"和"文字2"为宣传口号	［动画］："文字1"处背景采用渐显放大的方式呈现，文字采用渐显的方式呈现；"文字2"从斜上方飞入画面	5 s

画　面	画面描述	注　释	时间
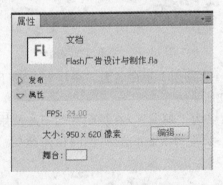 创意设计公司欢迎您	最后一个画面中将公司的名称显示出来	［动画］：背景虚化，公司名称从下方飞入	1 s

2. 技术分析

本实例的主要技术要素包含两点：一是利用遮罩动画实现图像的显示；二是利用多个场景将复杂动画进行分解，并应用传统补间动画实现文字的移动及图像的移动。

在设计的过程中，为保证文字较好的效果，可以使用滤镜对文字进行特殊处理。本案例难度在于多场景之间的切换，而图像、文字的运动效果实现方式较简单，为提高工作效率，需要掌握一定的操作技巧。

13.3.4　项目的设计与实现

1. 场景 1 的制作

1）新建一 Flash 文档，设置文档"属性"面板中的文档大小为 950×620 像素，背景颜色为#EEE9E5，如图 13-74 所示。并将图层 1 重命名为"竹子"。

2）执行"新建"→"导入"→"导入到库"命令，将素材图片"图片 1. jpg"、"图片 2. jpg"、"图片 3. psd"、"图片 4. png"导入到库中，并将"图片 3"拖入到舞台中，如图 13-75 所示。

图 13-74　文档"属性"设置　　　　　图 13-75　图片 3 放置位置

3）使用鼠标右键单击舞台中的"图片 3"，选择"转换为元件"命令，在弹出的对话框中设置名称为"竹子"，类型为"影片剪辑"。

4）新建一图层并命名为"图像显示背景"，将库中的"图片 4"拖入到舞台中，并将其按照步骤 3）的方式转换为影片剪辑，名称为"图像显示背景"，如图 13-76 所示。

5）新建一图层并命名为"遮罩"。在舞台中绘制出一个黑色图形，如图 13-77 所示。

说明： 绘制的黑色图形必须为基本图形，不能是图形元件，目的是接下来进行形状补间动画。黑色图形也可在 Photoshop 中进行绘制，然后再导入到 Flash 中。

图 13-76　用于图像显示的背景

图 13-77　绘制的黑色图形效果

6）在第 15 帧处插入关键帧，使用"钢笔工具"绘制一黑色填充图形，放置在舞台中，如图 13-78 所示。并在第 100 帧处为"竹子"、"图像显示背景"及"遮罩"图层的第 100 帧处插入关键帧。

说明：此处的图形也必须为基本图形，不能是图形元件。为保证图形的形状具有泼墨效果，可在 Photoshop 中进行绘制，然后再导入到 Flash 中。

7）在图层的第 1 帧与第 15 帧之间使用鼠标右键建立形状补间动画。用鼠标右键单击"遮罩"图层名称，选择"遮罩"选项，为"图像显示背景"图层建立遮罩效果，如图 13-79 所示。

图 13-78　用于图像显示的背景

图 13-79　遮罩过渡效果

8）新建一影片剪辑并命名为"图片 1 显示"，将图层 1 重命名为"图片 1"。接下来将"库"面板中的图片拖入到编辑区域，如图 13-80 所示。

9）将"图片 1"图层隐藏，新建一图层并命名为"遮罩"，在编辑区的中心使用"椭圆工具" 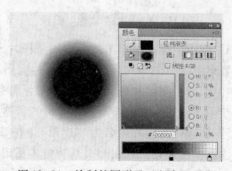 绘制一圆形。调整"颜色"面板，设置为黑色到透明色的径向渐变，如图 13-81 所示。

图 13-80　编辑区中的"图片 1"

图 13-81　绘制的圆形及"颜色"面板

10）使用"任意变形工具" 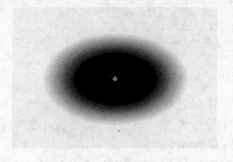将圆形进行变形，调整成如图 13-82 所示形状，并将其转化为影片剪辑，命名为"椭圆"。

11）使用鼠标右键单击"遮罩"图层，将影片剪辑中"遮罩"图层变成遮罩层、"图片 1"图层变成被遮罩层，效果如图 13-83 所示。

图 13-82 椭圆形状　　　　　　　　　　　图 13-83 遮罩效果

12）新建一图层放置在"遮罩"图层的上方，将"遮罩"层中第 1 帧的图像复制，并使用右键菜单中的"粘贴到当前位置"命令粘贴到新建图层中，并打开其"属性"面板，将"混合"设置为 Alpha，如图 13-84 所示。

13）回到场景中，新建一图层并命名为"显示图片 1"，在第 16 帧处插入关键帧。将"库"面板中的"图片 1 显示"影片剪辑拖入到舞台中，在影片剪辑"属性"面板中设置混合模式为图层，如图 13-85 所示，效果如图 13-86 所示。

图 13-84 影片剪辑混合模式为 Alpha　　　图 13-85 影片剪辑混合模式为图层

14）新建一图层并命名为"遮罩图片 1"，在第 16 帧处插入关键帧，将"遮罩"图层第 1 帧的图形复制并粘贴到该图层中，放置在"图片 1 显示"影片剪辑的上方，调整其大小，如图 11-87 所示。

图 13-86 设置混合模式为图层后效果　　　图 13-87 "遮罩图片 1"放置位置

15）在第 30 帧处插入关键帧，将"遮罩"图层中第 15 帧的图形复制，并使用"粘贴到当前位置"命令粘贴到该帧中。在第 16 帧与第 30 帧之间建立形状补间动画。

16）用鼠标右键单击"遮罩图片1"图层，将其变为遮罩层，"显示图片1"图层变为被遮罩层，图层及时间轴效果如图13-88所示。

图13-88　图层及时间轴效果

17）新建一图层并命名为"广告语1"，在第31帧处插入关键帧，利用"文本工具"输入公司的广告语"艺术的氛围"，将"艺术"2个字设置为"华文行楷"，大小为96；"的氛围"3个字设置为"黑体"，大小为51，如图13-89所示。

18）打开文字的"属性"面板，为文字添加"投影"和"模糊"路径效果，投影效果中的颜色设置为#7E5221，设置面板如图13-90所示。接下来将文字放置在舞台的右侧，效果如图13-91所示。

19）在图层的第45帧处插入关键帧，修改其"模糊"滤镜中的"模糊X"、"模糊Y"分别为0像素，效果如图13-92所示。

图13-89　输入的文字

图13-90　"滤镜"设置面板

图13-91　第31帧文字效果

图13-92　第45帧文字效果

226

20）在第 31 帧与第 45 帧之间，使用鼠标右键创建传统补间，实现文字从右侧移入舞台的效果，并且实现逐渐由模糊到清晰的一个变化过程。

21）新建一图层并命名为"广告语 2"，同样在第 31 帧处插入关键帧，输入文字"感受完美的，永恒的美"，在其"属性"面板中参照步骤 18）添加滤镜效果，并放置在舞台的左下方。

22）在第 45 帧处插入关键帧，调整"广告文字 2"的位置，并修改其"模糊"滤镜中的"模糊 X"、"模糊 Y"分别为 0 像素，如图 13-93 所示。

23）在第 31 帧与第 45 帧之间建立传统补间动画，效果如图 13-94 所示。

图 13-93　第 45 帧文字的效果

图 13-94　运动渐变过程

24）分别在"广告语 1"、"广告语 2"的第 75 帧处插入关键帧，单击帧中文字，使用鼠标右键将其分别转化为影片剪辑。接下来在第 90 帧处插入关键帧。将帧中的文字分别移向左侧和右侧，并设置它们"属性"面板中的字符颜色的 Alpha 值为 0%，如图 13-95 所示。

25）在两个图层的第 75 帧与第 90 帧之间建立传统补间动画。并将"遮罩图片 1"、"显示图片 1"、"遮罩"、"图像显示背景"图层的第 74 帧，使用〈F7〉键分别转换为空白关键帧。效果如图 13-96 所示。

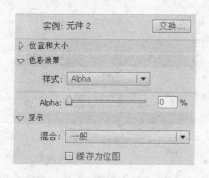

图 13-95　字符"属性"面板

图 13-96　图片 1 及文字消失过程

26）至此，场景 1 中的动画全部制作完毕，按〈Ctrl + Enter〉组合键可预览动画效果。

说明：在制作的过程中，需要注意舞台中影片剪辑"属性"面板中的"混合"、"色彩效果"及"滤镜"选项的设置。

2. 场景 2 的制作

1）执行"插入"→"场景"命令，在文档中插入场景 2，要想在两个场景之间切换，可执行"窗口"→"其他面板"→"场景"命令，将"场景"面板调出，如图 13-97 所示。在面板中单击任一场景即可进入到编辑界面。

2）将场景 2 中的图层 1 重命名为"竹子"。将场景 1 中的"竹子"图像复制，使用右键菜单中的"粘贴到当前位置"命令粘贴到舞台中，形成与场景 1 相似的背景。并在第 100 帧处使用〈F5〉键插入普通帧。

3）新建一图层并命名为"图像显示区域"，将库中的"图像显示背景"移入舞台中，并执行"修改"→"变形"→"水平翻转"命令将图片进行翻转，如图 13-98 所示。

图 13-97 "场景"面板

图 13-98 图像水平翻转后的效果

4）采用场景 1 制作过程中的"遮罩"图层制作方式，将"图像显示背景"影片剪辑采用遮罩的方式显示出来，步骤与制作场景 1 时的步骤 9）~12）相类似，效果如图 13-99 所示。

5）用鼠标右键单击库中的"图片 1 显示"，选择弹出菜单中的"直接复制"命令，在弹出的对话框中将名称设置为"图片 2 显示"，单击"确定"按钮，即可复制一个影片剪辑。双击该影片剪辑，将"图片 1"图层中的"图片 1"图片替换成库中的"图片 2"图片，这样"图片 2 显示"影片剪辑制作完成，效果如图 13-100 所示。

图 13-99 图像显示过渡效果

图 13-100 "图片 2 显示"影片剪辑效果

6）回到场景中，新建一图层并命名为"显示图片 2"，在第 16 帧处插入关键帧，将"库"面板中的"图片 2 显示"影片剪辑拖入到舞台中，在影片剪辑"属性"面板中设置"混合"模式为"图层"，如图 13-101 所示。

7）采用制作场景 1 时的步骤 13）~15），为"图片 2"的显示制作逐渐出现的效果，如图 13-102 所示。

说明：为加快制作的速度，可以采用复制场景 1 相关图层内容的方式来实现。

228

图 13-101 设置"混合"模式后效果　　　　　图 13-102 "图片 2 显示"显示过渡效果

8）分别新增"广告语 1"和"广告语 2"图层。单击"场景"面板中的"场景 1"，在该场景中单击"广告语 1"图层，这时该层上的所有帧也被选中，使用鼠标右键单击任意被选中的帧，在弹出的菜单中选择"复制帧"命令。采用相同的方式，将场景 1 中"广告语 2"图层的所有帧复制到场景 2 的"广告语 2"图层中。

9）替换这两个图层中的文字，并修改其颜色及出现与消失的位置，最终效果如图 13-103 所示。

说明：注意观察第 100 帧后面是否有多出的帧，若有请删除，以免影响播放效果。

a)　　　　　　　　　　　　　　　b)

图 13-103 场景 2 效果

a）文字出现的过渡效果　b）最终效果

10）至此场景 2 制作完成，可使用"控制"→"测试场景"命令（快捷键为〈Ctrl + Alt + Enter〉）预览该单个场景的效果。使用〈Ctrl + Enter〉组合键可预览整个影片的效果，播放的顺序是按照"场景"面板中自上而下的场景排列顺序。

3. 场景 3 的制作

1）执行"插入"→"场景"命令，在文档中插入场景 3，此时"场景"面板如图 13-104 所示。

2）将"场景 3"中的图层 1 重命名为"竹子"。按照制作场景 2 时步骤 2）的方式，将"竹子"图片放入本场景中。在第 100 帧处使用〈F5〉键插入普通帧。

3）新建一图层并命名为"文字 1"，在第 1 帧中输入颜色为黑色、字体为"华文琥珀"的"走进"字样，并为其设置"模糊"及"投影"滤镜效果，设置"模糊 X"与"模糊 Y"的值分别为 50 像素，效果如图 13-105 所示。

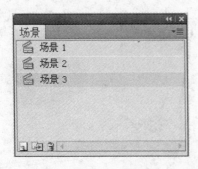

图13-104 "场景"面板

图13-105 文字模糊效果

4）在第10帧处插入关键帧，将文字"模糊"滤镜中的"模糊X"与"模糊Y"的值重新设置为0，并在第1帧与第10帧之间创建传统补间动画，如图13-106所示。

5）新建一图层并命名为"圆圈"，在第11帧处插入关键帧，将库中的"遮罩图片1"元件拖入到舞台中，在第25帧处插入关键帧，并在第11帧与第25帧之间建立传统补间，实现图形由小到大的变化过程，如图13-107所示。

图13-106 第10帧中文字位置

图13-107 放置图片后效果

6）新建一图层并命名为"文字2"，在第25帧及35帧处分别插入关键帧，实现文字渐显的效果。文字的内容为"艺术"二字，颜色为红色，并将其转换为影片剪辑，如图13-108所示。

说明：渐隐渐显的变化过程主要是通过修改起始帧和结束帧中图像的透明度（Alpha值）来实现的。

7）接下来将"走进"文字键隐掉，"艺术"二字及黑色背景移到右上角，并在底部出现文字移动的效果。这主要是通过传统补间实现的，在此不做详细介绍。最终效果如图13-109所示。

图13-108 输入"艺术"二字后效果

图13-109 场景3效果

8）至此场景3制作完成，按〈Ctrl + Enter〉组合键可预览全部动画效果。

4. 场景4的制作

场景4的内容比较简单，可在场景3中继续制作，也可以单独制作，本案例中把它作为一个独立的场景进行制作。

1）执行"插入"→"场景"命令，在文档中插入场景4，此时"场景"面板如图13-110所示。

2）将图层1重命名为"竹子"，按照制作场景2时步骤2）的方式，将"竹子"图片放入本场景中。在第30帧处使用〈F5〉键插入普通帧。

3）新建一图层并命名为"文字"。单击场景3的最后一帧，使用"选择工具"框选"艺术"二字及黑色背景并复制。进入到场景4中，使用"粘贴到当前位置"命令将其粘贴在该图层中。

4）接下来，将"竹子"影片剪辑设置渐隐效果在舞台中向左移动。并将文字效果向舞台中间移动，接下来使用传统补间实现"创意设计公司欢迎你！"的口号慢慢移入场景的动画，最终效果如图13-111所示。

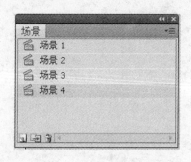

图13-110 "场景"面板

图13-111 "场景4"最终效果

5）至此，所有的场景动画制作完毕，可对动画进行预览及发布。

13.3.5 项目总结

在制作复杂的动画过程中，为提高工作效率，应严格按照动画的制作流程进行设计与制作。在技术方面应多使用影片剪辑及场景来有效地分解动画制作复杂度。在操作方面应该多加练习，只有这样才能达到熟能生巧的程度，可以高效、快捷地制作出完美的动画效果。

参 考 文 献

[1]　贺晓霞,方宁. ActionScript 3.0 编程特效实战案例解析[M]. 北京:清华大学出版社,2009.

[2]　陶雪琴,蒋腾旭,章立. 中文 Flash CS4 案例教程[M]. 北京:中国铁道出版社,2010.

[3]　怡丹科技工作室. Flash 动画图形设计创意制作 400 例[M]. 北京:清华同方光盘电子出版社,2009.

[4]　李如超,王茜,杨文武. Flash CS4 中文版基础教程[M]. 北京:人民邮电出版社,2010.

[5]　王建生,杜静芬. 中文版 Flash CS5 动画制作实训教程[M]. 北京:清华大学出版社,2011.

[6]　梅凯. Flash CS4 动画设计实训教程[M]. 北京:海洋出版社,2010.

[7]　张莉. Flash 动画实战教程[M]. 北京:高等教育出版社,2009.

[8]　力行工作室. Flash CS4 动画制作与特效设计 200 例[M]. 北京:中国青年出版社,2010.

[9]　李冬芸. Flash 动画实例教程[M]. 北京:电子工业出版社,2010.

[10]　周德云. Flash 动画制作与应用[M]. 北京:人民邮电出版社,2009.